製品開発のための
実験計画法

―JMPによる応答曲面法・コンピュータ実験―

河村敏彦 著

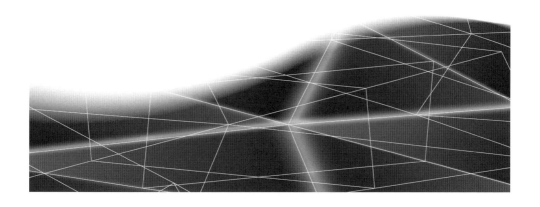

近代科学社

◆ 読者の皆さまへ ◆

平素より，小社の出版物をご愛読くださいまして，まことに有り難うございます．

㈱近代科学社は 1959 年の創立以来，微力ながら出版の立場から科学・工学の発展に寄与すべく尽力してきております．それも，ひとえに皆さまの温かいご支援があってのものと存じ，ここに衷心より御礼申し上げます．

なお，小社では，全出版物に対して HCD（人間中心設計）のコンセプトに基づき，そのユーザビリティを追求しております．本書を通じまして何かお気づきの事柄がございましたら，ぜひ以下の「お問合せ先」までご一報くださいますよう，お願いいたします．

お問合せ先：reader@kindaikagaku.co.jp

なお，本書の制作には，以下が各プロセスに関与いたしました：
- 企画：石井沙知
- 編集：石井沙知
- 組版：加藤文明社 (LaTeX)
- 印刷：加藤文明社
- 製本：加藤文明社 (PUR)
- 資材管理：加藤文明社
- カバー・表紙デザイン：川崎デザイン
- 広報宣伝・営業：冨髙琢磨，山口幸治，西村知也

- JMP，SAS およびその他の SAS Institute Inc. の製品名またはサービス名は SAS Institute Inc. の登録商標です．これらの商標はすべて SAS Institute Inc. の米国および各国における登録商標または商標です．その他，本書に記載されている会社名・製品名等は，一般的に各社の登録商標または商標です．本文中の ©，®，™等の表示は省略しています．

- 本書の複製権・翻訳権・譲渡権は株式会社近代科学社が保有します．
- **JCOPY** 〈(社)出版者著作権管理機構委託出版物〉
  本書の無断複写は著作権法上での例外を除き禁じられています．
  複写される場合は，そのつど事前に(社)出版者著作権管理機構
  （電話 03-3513-6969，FAX 03-3513-6979，e-mail: info@jcopy.or.jp）の
  許諾を得てください．

はじめに

　本書は，技術開発・製品開発に必要とされる実験計画法の入門書です．主な内容として分散分析法から応答曲面法，ロバスト設計およびコンピュータ実験までを取り上げ，具体的な例を通じて解説しています．実験計画法とは，「データをどのように計画的に採取し，それらをどのようにモデル化して統計解析すればよいのか」についての方法論の総称です．これらは製品開発のためのみならず，医薬品開発のための統計的方法としても広く用いられてきました．

　製品開発の初期段階では，多くの制御因子を同時に取り上げます．しかし，因子や水準数が増えれば，実験回数も増えてしまいます．例えば，4因子2水準の完全実施要因計画では，$2^4 = 16$ の実験回数が必要となります．そこで，推定精度を落とさずにその回数を減らす効率的な方法の1つとして知られているのが，直交表実験です．これは，技術的に応答曲面の関数形を推論し，その最適条件を探索するという，数値実験の簡便なものとして用いられてきました．ただしその最適性は，次の比較的単純な2つの場合に限定されています．

(1) 実験誤差などの偶然変動が大きい場合

　この場合，要因効果図や分散分析によって有意性を統計的に推論し，その最大値（最小値）を最適条件とすることは，それほど問題ではありません．

(2) 応答と制御因子の関数関係が1次や2次モデルで近似できる場合

　制御因子の水準幅が広くなければ，要因効果の非線形性や交互作用があまり存在しません．このため，1次式なら2水準系直交表，2次式なら3水準直交表を用いたり，または量的な制御因子を積極的に利用した最適計画を用いたりして応答曲面を近似することも，それほど問題ではないでしょう．

　伝統的な実験計画法では，実験に取り上げている制御因子だけでなく他の要因も影響するため，それらの影響をランダム化することによって偶然変動に転化します．そのため，制御因子によって規定される水準組合せで繰り返し実験を行っても，同じ応答の値とはなりません．このように偶然変動が大きい場合，高次のモデルのあてはめにはあまり意味がないため，通常は1次または2次モデルを用いたBox流の応答曲面解析を行います．

近年，CAE (Computer Aided Engineering) などのシミュレーション実験に基づく技術開発が盛んになってきています．この種の数値実験では繰り返し誤差はなく，実実験に比べて制御因子の水準幅を大きくすることができます．その一方で，実実験に比べて応答曲面の形状が複雑なものになる傾向があります．このような複雑な形状の応答関数を眺めるための実験計画としては，一様計画 (uniform design) が知られています．一様計画は，1980 年代に Kai Tsui Fang により提案されたコンピュータ実験計画（Space-Filling 計画）の１つです．これは，実験点が空間上に一様にランダムに分布している計画で，実験回数と等しい水準数を持つ多水準系の一部実施計画です．

大規模な決定論的データに対して，コンピュータ実験計画は Box 流の応答曲面モデルだけでなく，Gauss 過程モデルなど高次のモデルを構築するのに大変有効です．システムにおける変数間の関数関係がシミュレートできるため，ここではその実行可能領域でシステムの挙動を近似モデルで予測し，可視化・最適化することが目的となります．一方，グラフを可視化したり効率的に一連の解析を行ったりするためには，例えば SAS Institute Inc. の JMP などのような先端的な統計ソフトウェアやシミュレーションによる最適化技術が必要不可欠になってきます．

本書の構成は，次のとおりです．第 1 章では統計解析のための予備知識を得られるように解説し，第 2 章から第 4 章では応答曲面法を行うための準備として，検定・推定，分散分析法および回帰分析の基本的な解析方法を解説しています．そして第 5 章では，QC 七つ道具の 1 つである管理図を説明しています．

本書では，実験計画法の教材として知られている「紙ヘリコプター実験」を用い，第 3 章では分散分析法，第 6 章では積極的に量的な制御因子を利用した応答曲面法とロバスト設計，第 7 章ではコンピュータ実験を解説しています．これらはいずれも，「実験計画 → 統計モデル → 最適化」の解析ストーリーに従い，具体例を通じて応答曲面解析を行っています．特に第 7 章では，統計ソフト JMP によって一様計画に基づく実験点の生成から Gauss 過程モデルによる解析が手軽に行えるため，コンピュータ実験に興味のある方はぜひ利用してみてください．

本書は，『製品開発のための統計解析入門—JMP による品質管理・品質工学—』の続編として執筆したものです．前著と同様に，設計品質ないしは製造品質の向上を目指す技術者，また統計解析を通じた実験計画法，特に応答曲面法やコンピュータ実験を学ぶ学生にとって有益なものとなれば幸いです．

謝辞

　本書を執筆するにあたり，慶應義塾大学の松浦峻先生には，原稿を丁寧に読んでいただき有益なコメントを多数いただきました．また今回も SAS Institute Japan JMP 事業部の岡田雅一氏，小野裕亮氏，勝村裕一氏，小笠原澤氏には，すべての原稿に目を通してもらい JMP の出力や編集のみならず，多くの貴重なコメントをいただき，心より謝意を表します．三井正氏（東芝），足羽晋也氏（クボタ）には技術者の立場から有益なコメントをいただきました．本書の出版に際し，近代科学社の小山透氏，石井沙知氏，加藤文明社の岡田亮氏には出版，編集・組版に際し，いろいろとお世話になりました．この場を借りてお礼を申し上げます．

　本書の研究内容の一部は，科学研究費（平成 26–28 年度）：基盤研究 C（課題番号：26350445）研究課題「ロバストパラメータ設計における技術方法論の開発と大規模コンピュータ実験への応用」の助成を受けて実施した研究成果です．

2016 年 1 月

出雲にて　　河村　敏彦

目　次

1　統計解析を学ぶための予備知識

1.1　母集団・標本 . . . . 　2

1.2　QC 七つ道具によるデータのまとめ方 . . . . 　3

1.3　平均・分散・標準偏差 . . . . 　6

1.4　要約統計量 . . . . 　7

1.5　散布図・相関分析 . . . . 　9

1.6　確率密度関数・分布関数 11

1.7　期待値と分散 12

1.8　正規分布 13

1.9　統計量の基本分布 14

1.10　χ^2 分布 16

1.11　t 分布 17

1.12　F 分布 18

2　統計的検定と推定の基礎

2.1　仮説検定の考え方 20

2.2　推定の考え方 23

2.3　母分散に関する検定と推定 25

2.4　母平均に関する検定と推定 28

2.5　母平均の差に関する検定と推定(対応がある場合) 31

2.6　2 つの母分散の比に関する検定と推定 34

2.7　2 つの母平均の差に関する検定と推定 37

3 実験計画法の基礎—分散分析—

3.1 実験計画法とは 42

3.2 1元配置法—分散分析— 46

3.3 2元配置法—分散分析と交互作用— 52

3.4 3元配置法—分散分析とロバスト設計の考え方— 59

3.5 直交表実験—分散分析と回帰分析— 63

4 回帰分析の基礎—単回帰分析と重回帰分析—

4.1 単回帰分析 74

4.2 単回帰分析における検定と推定 76

4.3 単回帰モデルにおける残差分析 79

4.4 重回帰分析 91

4.5 変数選択 100

4.6 ダミー変数を用いた重回帰分析 102

5 統計的工程管理

5.1 管理図とは 110

5.2 管理図の描き方 112

5.3 管理図の見方 114

5.4 工程能力指数 118

6 実験計画法—応答曲面法とロバスト設計—

6.1 応答曲面法の基礎 122

6.2 応答曲面法—信号因子がある場合— 127

6.3 ロバスト設計—信号因子がある場合— 135

6.4 動特性に対する SN 比解析 144

6.5 応答曲面法—重回帰分析— 148

6.6 応答曲面法—ロジスティック回帰分析— 156

6.7 多特性最適化—同時要因解析— 164

6.8 制約付きロバスト最適化 170

7 コンピュータ実験

7.1 コンピュータ実験の基礎 182
7.2 コンピュータ実験―交流回路モデル― 189
7.3 製造段階におけるロバスト設計 197
7.4 設計開発段階におけるロバスト設計 200

参考文献　211

索　引　213

1 統計解析を学ぶための予備知識

　本章では，初めて実験計画法や品質管理を学ばれる方のために統計解析の基本的な考え方を述べます．

　データは採取方法により，(1) あるがままに観察されたデータ，(2) 計画的に採取された実験データの2つに分類されます．問題解決や原因究明を目的としたデータは，(2) である必要があります．ただし，(1) であっても対データや層別されたデータならば，実験データの形式に近づけることが可能です．

　実験データに対する統計解析の多くは，特性の背後に正規分布を仮定しています．ここでは，正規母集団から導かれる代表的な統計量の分布として，χ^2 分布，t 分布および F 分布とそのパーセント点について解説します．これらは，第2章で述べる検定や推定に応用されます．

1.1 母集団・標本

■母集団

統計学は，**記述統計学**と**推測統計学**とに分類できます．記述統計学では，得られたデータを要約することが主な目的となります．それに対して推測統計学では，データを「母集団から抽出した標本を観測した結果」とみなします．

一般に，母集団は「同一性が仮定できる集団」とみなされます．例えば製造業の生産現場では，同一に製造されたと考えられる製品や同一のものとして購入した原材料が 1 つの母集団とみなされます．推測統計学では，母集団において対象とする特性値の背後に何らかの確率的法則があると仮定します．

ここで，確率的法則を記述するものが**確率分布**です．推測統計学の目的は，母集団よりデータを採取し，これらのデータから「確率分布を特徴付け」することにあります．推測統計学の枠組みでは，特性は確率変数として扱われます．例えば，パンの焼き上がり重量は一定の決まった値にはならず，ばらつきが生じます．またその重量は，測定後には明らかになりますが，測定する前には不明です．このような性質をもつ変量を**確率変数**といいます．この確率変数がどのような値をとるかという法則性を表したものが確率分布です．

■標本

母集団の確率分布を推測するためには，母集団から標本を抽出してこれを測定し，データを採取します．この母集団より標本を抽出する行為を**サンプリング**（標本抽出）といいます．このとき標本は，母集団を正しく反映していなければなりません．そのため，偏りなくランダム（無作為）に標本を採取する必要があります．ランダムに標本を抽出することを，**ランダムサンプリング**（無作為抽出）と呼んでいます．

ランダムサンプリングとは，デタラメにサンプリングを行うという意味ではなく，「母集団を構成する要素（およびその組合せ）が，いずれも等しい確率で標本に含まれるようなサンプリング」と定義されます．これが実現できる標本は，母集団を代表しているとみなすことができます．

データは採取方法により，**(1) あるがままに観察されたデータ**，**(2) 計画的に採取された実験データ**に分類されます．問題解決を目的としたデータは，(2) である必要があります．ただし (1) でも，対データあるいは層別データにすることによって，実験データの形式に近づけることが可能になります．

1.2　QC七つ道具によるデータのまとめ方

　品質管理では，事実に基づく意思決定を重視します．その基本的な道具としては，チェックシート，パレート図，特性要因図，散布図，グラフ，ヒストグラム，管理図の七つが知られています[1]．ここでは，その中のいくつかを紹介します．

[1) 管理図に関しては，第5章の統計的工程管理の中で詳しく解説します．

■パレート図

　パレート図は，望ましくない事象や不適合，不具合の件数あるいはそれによる損失額を**結果系**の現象に基づいて分類し，その件数の多い順に示したグラフです．これは，不良や不適合において重要な項目の数は少なく，多くはささいなものであるという，**パレートの法則**または**重点指向**に基づくものです．

　例えば，パンの焼き上がりの品質改善活動を考えるとします．このとき，焼き上がり重量や焼きムラなどの属性を結果系といいます．一方，生地の重量や生地の種類，焼き時間，あるいはパンを焼く製造機械が複数あるときにどの機械でパンを焼いたかなどの属性を**要因系**といいます．

　結果系である不適合現象の項目を**チェックシート**を用いて整理し，それを多い順に分類したパレート図を図 1.1 に示します．これを見ると，焼き上がり重量のばらつきによる損失金額が全体の 70% を占めており，損失の原因のトップであることがわかります．

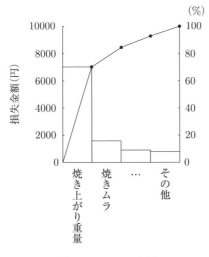

図 1.1　パレート図

■特性要因図

特性要因図は，提案者の石川馨博士 (1915–1989) にちなんで石川ダイアグラム，あるいはその形状から**魚の骨図** (Fish-bone Chart) と呼ばれ，「定性的に因果解析を行うためのツール」として知られています．

まず**重点指向**の考え方に基づき，パレート図を見てどの品質特性を改善するかを決めます．次に特性要因図を用いて，改善すべき特性の要因系を整理します．

この図を作成するためには，品質特性を物理的代用特性にしたときにそれが変動する要因をまず列挙し，作用する時間的順序によって書き表していきます[2]．図 1.2 は，冷蔵庫の塗装不良に対する特性要因図の例を示しています．後述する**変動要因解析**では，特性要因図を作成することが「原因想定」を行う第一歩として有効となります．

[2) 例えば，1 次要因としては，人 (Man)，材料 (Material)，設備 (Machine)，測定 (Measurement)，方法 (Method) といった **5M** の視点から大骨にまとめます．実際には候補に挙げた要因変数をすべて扱うわけではなく，影響可能性や測定容易性などを考慮して決められます．]

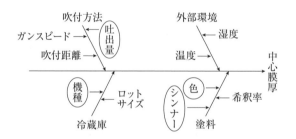

図 1.2　中心膜厚に対する特性要因図（宮川 (2008), p.55）

■ヒストグラム

ヒストグラムは，計量値データの分布の中心値やばらつきの視覚化に用いられます．まず，データの範囲をいくつかの区間に分けて，この 1 区間当たりのデータの個数（度数）を数えて**度数分布表**を作成します．

度数分布表に基づき，縦軸に度数，横軸に単位を記入し，区間をとってヒストグラムを描きます．そして，標本平均と**上側規格**（上側仕様）S_U，**下側規格**（下側仕様）S_L を記入し，データの中心位置，ばらつきの大きさ，分布の形状，ねらい値（目標値）や規格値（仕様値）との比較，異常値があるかどうかなどを考察します．例えば，焼き上がり重量のヒストグラムを図 1.3 に示します．これより，重量はねらい値 300 [g] あたりを中心に，ほぼ左右対称に分布していることがわかります．

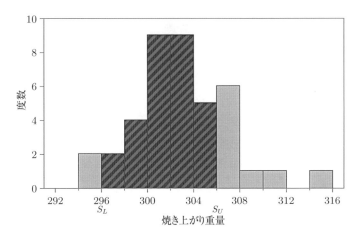

図 1.3 焼き上がり重量のヒストグラム（河村 (2011), p.160）

■**層別**

　例えば，ヒストグラムの形状がふた山型であれば，2つの母集団分布が混合しており，母集団分布が正しく想定されていない可能性があります．その場合には，どのような母集団が混ざり合っているかを特定し，それらを「要因系」で**層別** (stratification) して解析を行います[3]．

　一般に層別前後で分布の形状が大きく異なるような因子は，有効な**層別因子**であるといえます．このように，1枚のヒストグラムを見るだけでなく，層別因子（条件）によって「層別前と層別後での2枚の図に分けて比較する」ことこそ，問題解決の糸口になるのです．図1.4は，焼き上がり重量を層別因子である機械によって層別した図を示しています．図を見ると，機械Aは機械Bに比べて重めに分布していることがわかります．

[3] 層別は，ヒストグラムだけでなく散布図やパレート図など個々の道具と組み合わせることにより，問題解決のための強力なツールとなります．

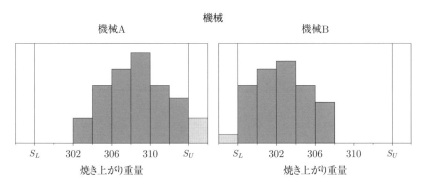

図 1.4 焼き上がり重量を機械で層別したヒストグラム

1.3 平均・分散・標準偏差

■平均

データ採取後，その分布の特徴をとらえるのには「中心はどこにあるのか」という視点があります．その指標としてよく使われているものには，平均値，**中央値（メディアン）**[4]，**最頻値（モード）**があります．中央値は，データを大きさ順に並べたときに中央に位置する値です．最頻値は，データの中で最も出現頻度の多い値です．

いま，n 個のデータを $x_1, x_2, \ldots, x_n$ とすると，**算術平均** $\bar{x}$ は

$$\bar{x} = \frac{1}{n}\sum_{i=1}^{n} x_i = \frac{x_1 + x_2 + \cdots x_n}{n} \tag{1.1}$$

で定義されます．推測統計学では，この算術平均を**標本平均**と呼んでいます．

■分散

平均値，中央値，最頻値は分布の位置を見るための指標でしたが，「ばらつきの度合い」を見るための指標もあります．ばらつきの指標としては，分散，標準偏差，変動係数，四分位範囲，範囲（レンジ）などが知られています．

いま，n 個のデータを $x_1, x_2, \ldots, x_n$ とすると，**標本分散** s^2 は

$$s^2 = V = \frac{1}{n-1}\sum_{i=1}^{n}(x_i - \bar{x})^2 \tag{1.2}$$

のように定義されます．この分散は，推測統計学では**不偏分散**と呼ばれています[5]．これは**偏差平方和** (sum of square of deviation)

$$S = \sum_{i=1}^{n}(x_i - \bar{x})^2 = \sum_{i=1}^{n} x_i^2 - n\bar{x}^2 \tag{1.3}$$

を**自由度** (degree of freedom) である $n-1$ で割った値となります．

標本分散の平方根 s は**標本標準偏差**と呼ばれています．分散は，例えば身長の単位が [cm] の場合，2 乗の単位 [cm²] をもちます．そこで平方根をとることによって対象としている単位と同じ次元になり，解釈しやすくなります．

標本平均や標本分散などの「標本」という言葉は，母集団の母平均や母分散と区別するためにつけられたものです．これらの統計量はデータ全体を要約したものでもあるため，**要約統計量**とも呼ばれています．

---

[4] 母平均に対する推定効率において，母集団分布が正規分布の場合や分布の形状がわからない場合などには，平均値は中央値よりも優れています．一方，中央値は，母集団分布が裾が重い分布である場合に平均値よりも推定効率が優れています．また，外れ値による影響を受けにくいという利点があります．

[5] 標本分散 s^2 は母分散 σ^2 の**不偏推定値** (unbiased estimate) になっています．なお，$n-1$ ではなく n で割って求めた分散は，不偏推定値ではありません．

1.4 要約統計量

■データの中心値とばらつき

データの中心値を表す算術平均は，次のように解釈できます．データ $y_1, y_2, \ldots, y_n$ の中心位置を M とし，その（偏差）平方和が

$$S_T = \sum_{i=1}^{n}(y_i - M)^2$$

で表現できたとしましょう．このとき，平方和が最小となる M が，(1.1) 式で与えられる算術平均 $\bar{y}$ となります．

一方，標本分散は平方和 S_T を $n-1$ で割ったものであり，個々のデータが平均値の周りにどれくらいばらついているかを表しています．$n-1$ ではなく，n で割った S_T/n をばらつきの尺度として採用することも考えられますが，S_T/n は不偏推定値になっていません．平方和を $n-1$ で割った (1.2) 式が，不偏推定値になります．この不偏分散の平方根が標本標準偏差 s であり，最もよく使われるばらつきの尺度です．

■要約統計量

データの中心やばらつきを数値として把握するという考え方は，少なくとも 19 世紀末には存在していました．統計学者の F. Galton (1822–1911)[6] は，データをソートしたときに全体の何%かにあたる点を**パーセント点**とよび，人体測定などのデータを要約するのに用いました．このパーセント点は，現在では「分位点」と呼ばれることもあります．代表的なパーセント点は，0%点，25%点，50%点，75%点，100%点であり，統計学者 J. Tukey (1915–2000) はこれら5つのパーセント点による要約を，**5数要約** (5-number Summary) と呼びました．これら5つのパーセント点は別の呼び方もあり，0%点は**最小値**，25%点は**第1四分位点**，50%点は**中央値**，75%点は**第3四分位点**，100%点は**最大値**ともそれぞれ呼ばれています．

ばらつきの大きさを5数要約を用いて示す尺度としては，最大値から最小値を引いた**範囲**（最大値 − 最小値）や第3四分位点から第1四分位点を引いた**四分位範囲**が代表的です．ただし，範囲はデータを多く観測すると大きくなり，ばらつきの尺度として好ましくありません．一方，四分位範囲はデータ数が大きくなっても値が系統的に動くというものではないため，より好ましいばらつきの尺度であるといえます．

[6] Sir Francis Galton は，平均への回帰やガウス分布の利用，相関の概念などの統計科学 (Statistical Science) の創設者です．また，進化論「種の起源」で知られる C. R. Darwin は彼の従兄にあたります．

■箱ひげ図

　箱ひげ図 (box plot) は，図 1.5 のようにばらつきのあるデータをわかりやすく視覚化したグラフです．「箱」とその両側に出た「ひげ」で表現されることから，このように呼ばれています．

　箱ひげ図には，よく使われているものとして 2 種類あります．1 つめは，5 数要約を表すものであり，箱の部分で 25%点，50%点，75%点を表し，ひげを最小値と最大値まで伸ばすというものです．2 つめは，箱の部分は同じで，箱の端（25%点や 75%点）から四分位範囲の 1.5 倍以内にあるデータ点までひげを伸ばすというものです．後者では，「25%点から四分位範囲の 1.5 倍を引いた値より小さいデータ」および「75%点に四分位範囲の 1.5 倍を足した値より大きいデータ」は，外れ値として点で表示されます．

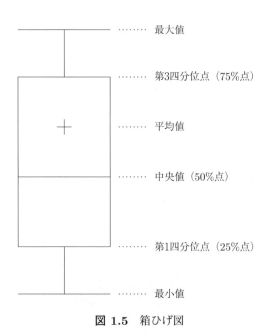

図 1.5　箱ひげ図

1.5 散布図・相関分析

■散布図

生地の重量 x [g] と焼き上がり重量 y [g] の関連性を検討するために，表1.1 に示すように 40 個の**対データ**を採取しました[7]．

7) ここで，要因と特性は別々に測るのではなく，常に「対応させた形」でデータをとらなければならないという点に注意してください．

表 1.1 生地の重量と焼き上がり重量のデータ（河村 (2011)，p.165）

No.	x	y	No.	x	y	No.	x	y	No.	x	y
1	351	307	11	352	306	21	348	294	31	347	298
2	352	305	12	349	304	22	350	300	32	356	314
3	350	303	13	349	303	23	349	298	33	347	296
4	348	302	14	352	305	24	349	301	34	350	302
5	354	308	15	352	303	25	350	294	35	351	303
6	349	300	16	349	307	26	345	302	36	349	300
7	354	306	17	349	297	27	350	299	37	352	301
8	351	306	18	349	301	28	352	303	38	351	300
9	353	304	19	355	310	29	348	300	39	351	304
10	351	303	20	349	301	30	349	299	40	349	306

要因系である生地の重量を横軸に，結果系である焼き上がり重量を縦軸にとった**散布図**を図1.6に示します．図を見ると，生地の重量 x の増加によって，焼き上がり重量 y は「直線的に増加している」ことがわかります．

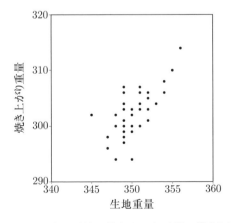

図 1.6 生地重量と焼き上がり重量の散布図

■相関係数

n 個の対データ $(x_1, y_1), (x_2, y_2), \ldots, (x_n, y_n)$ より x と y の相関の程度を定量的に示すためには，次式で定義される相関係数 R を用います．

$$R = \frac{\sum_{i=1}^n (x_i - \bar{x})(y_i - \bar{y})}{\sqrt{\sum_{i=1}^n (x_i - \bar{x})^2 \sum_{i=1}^n (y_i - \bar{y})^2}} = \frac{S_{xy}}{\sqrt{S_{xx} S_{yy}}} \tag{1.4}$$

(1.4) 式で求められる相関係数 R は

$$-1 \leq R \leq 1$$

を満たし，1 に近いほど正の相関が強く，-1 に近いほど負の相関が強いことを意味します．一方，$R \fallingdotseq 0$ のときは**無相関**を意味します．

表 1.1 のデータより x と y の相関係数 R を求めると，0.683 となります．これは生地の重量を一定になるようコントロールすれば，焼き上がり重量の分散を $R^2 = 0.683^2 = 0.47$，すなわち 47%程度低減できることを意味しています．なお，相関係数を 2 乗した R^2 は**寄与率**と呼ばれています．

■見せかけの相関

見せかけの相関とは，変数 x と y は本来何ら関係がないのに，計算された相関係数の絶対値が大きくなることです．これは図 1.7 のように第 3 の変数として z が存在し，x と y の両方に影響を及ぼしている場合に生じます[8]．

永田 (1992) の p.174 では，次のような例が挙げられています．x を成人男性の走る速さ，y を所得とし，相関係数を求めたとします．このとき，両者の関係としては負の相関が得られるでしょう．しかし，走る速さと所得の間には因果関係はなく，第 3 の変数として「年齢」が関連していると考えるのが自然でしょう．このように，単なる相関係数の値だけで関連性をみるのではなく，固有技術的な知見や科学的な知見を照らし合わせて，解析結果の妥当性を検証する必要があります．

[8] このような場合には，x と y の変動から z に依存する量を取り除いて相関を評価します．z の影響を取り除いた後の相関係数は，偏相関係数と呼ばれています．偏相関係数を応用した研究分野としては，グラフィカルモデリングなどが知られています．

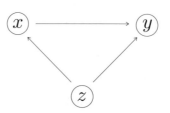

図 1.7 見せかけの相関

1.6 確率密度関数・分布関数

確率分布は，確率変数の実現値が量的変数（連続値・計量値）であるか質的変数（離散値・計数値）であるかによって，それぞれ**連続分布**，**離散分布**と呼ばれます．ここでは，連続分布の場合のみを説明します．

■確率密度関数

ヒストグラムにおいて，縦軸を度数ではなく度数/nh（nはデータ数，hは区間の幅）で目盛りをとれば，ヒストグラム全体の面積は1になります．ここで，nを大きくしてhを小さくすれば，ヒストグラムの輪郭は滑らかな曲線に近づいていきます．この曲線$f(x)$を，確率密度関数といいます．確率密度関数を積分することにより，ある区間に確率変数が入る確率が求められます．確率変数Xが$a \leq x \leq b$となる確率は，

$$\Pr\{a \leq X \leq b\} = \int_a^b f(x)dx \tag{1.5}$$

で与えられます．また，$f(x)$はすべてのxに対して$f(x) \geq 0$であり，

$$\int_{-\infty}^{\infty} f(x)dx = 1 \tag{1.6}$$

が成立します．

■分布関数・独立性

Xの確率密度関数を$f(x)$とするとき，分布関数$F_X(x)$は

$$F_X(x) = \Pr\{X \leq x\} = \int_{-\infty}^x f(x)dx \tag{1.7}$$

で定義されます．

統計学における重要な概念として，**独立性**があります．これは分布関数によって，次のように定義されます．Xと同様にYの分布関数を$F_Y(y) = \Pr\{Y \leq y\}$とし，さらにXとYの**同時分布関数**を$F(x,y) = \Pr\{X \leq x, Y \leq y\}$とします．このとき，任意の$x$と$y$に対して，

$$F(x,y) = F_X(x)F_Y(y) \tag{1.8}$$

が成立するとき，XとYは互いに**独立**であるといいます．

1.7 期待値と分散

■期待値

確率分布の中心を表す指標としては X の期待値 $E[X]$ があり，これは X の**母平均**とも呼ばれています．連続分布において X の確率密度関数を $f(x)$ とするとき，その期待値は

$$E[X] = \int_{-\infty}^{\infty} xf(x)dx \tag{1.9}$$

で定義されます．

$X_1, X_2, \ldots, X_n$ を確率変数，$a_1, a_2, \ldots, a_n$ を任意の定数としたとき，線形結合 $Y = a_1X_1 + a_2X_2 + \cdots + a_nX_n$ の期待値は

$$
\begin{aligned}
E[Y] &= E[a_1X_1 + a_2X_2 + \cdots + a_nX_n] \\
&= a_1E[X_1] + a_2E[X_2] + \cdots + a_nE[X_n]
\end{aligned} \tag{1.10}
$$

となります[9]．

9) (1.10) 式の「期待値の線形性」は，独立性がなくても成立することに注意してください．

■分散

確率分布のばらつきの尺度としては分散があります．母集団の確率分布から計算される分散は，母集団を強調するために**母分散**と呼ばれることもあります．一方，データから算出した分散は，既に述べたように標本分散あるいは**不偏分散**と呼びます．

母分散の定義と性質を，次のようにまとめておきます．母分散は

$$\mathrm{Var}[X] = E[(X - E[X])^2] \tag{1.11}$$

$$= E[X^2] - (E[X])^2 \tag{1.12}$$

と定義されます．

$X_1, X_2, \ldots, X_n$ を互いに独立な確率変数，$a_1, a_2, \ldots, a_n$ を任意の定数としたとき，線形結合 $Y = a_1X_1 + a_2X_2 + \cdots + a_nX_n$ の分散は

$$
\begin{aligned}
\mathrm{Var}[Y] &= \mathrm{Var}[a_1X_1 + a_2X_2 + \cdots + a_nX_n] \\
&= a_1^2\mathrm{Var}[X_1] + a_2^2\mathrm{Var}[X_2] + \cdots + a_n^2\mathrm{Var}[X_n]
\end{aligned} \tag{1.13}
$$

となります．これを**分散の加法性**と呼んでいます．

1.8 正規分布

■正規分布

品質管理に限らず, 量的 (計量値) データの統計解析のほとんどすべては, その背後に正規分布 (normal distribution) を仮定しています.

確率変数 X が正規分布に従うとき, その確率密度関数は

$$f(x) = \frac{1}{\sqrt{2\pi}\sigma} \exp\left\{-\frac{1}{2}\left(\frac{x-\mu}{\sigma}\right)^2\right\}, \quad -\infty < x < \infty \quad (1.14)$$

で定義され, $X \sim N(\mu, \sigma^2)$ と略記します. ここで母数 μ および σ はそれぞれ母平均と母標準偏差に一致します[10]. すなわち, 正規分布の期待値と分散は

$$E[X] = \mu, \quad \mathrm{Var}[X] = \sigma^2 \quad (1.15)$$

となります.

正規分布の分布形は, 図 1.8 に示すように母平均 μ および母分散 σ^2 の値によって決まり, 次のような性質を持っています.

- 確率密度関数は母平均 μ を中心とした左右対称の釣鐘型の分布であり, μ を $f(x)$ の頂点として, 両側に伸びるにつれ低くなります.
- 平均 μ は値が大きいと右に, 小さいと左に位置します.
- 曲線は母標準偏差 σ の値が大きいと平たく広くなり, σ の値が小さいと 1 点に集中して幅が狭くなります.

[10] 確率密度関数の指数部分を見ると, x の位置を**位置母数**である μ で調整し, **尺度母数**である σ で尺度化 (スケール変換) していることがわかります.

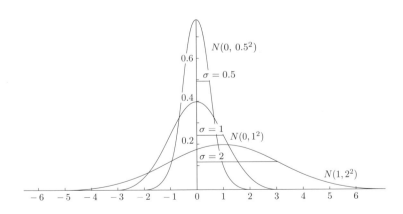

図 1.8 正規分布の確率密度関数

1.9 統計量の基本分布

■標準正規分布

正規分布において特に母平均 0，母分散 1 のものを，標準正規分布といいます．正規分布 $N(\mu, \sigma^2)$ と標準正規分布 $N(0, 1^2)$ の間には，次のような関係があります．確率変数 X が $N(\mu, \sigma^2)$ に従うとき，

$$Z = \frac{X - \mu}{\sigma} \tag{1.16}$$

は標準正規分布に従います．この変換を**正規化**（標準化）といいます[11]．

11) 本質的なことは，変量 X を正規化することで無名数（母数の単位に依存しない量）に変換していることです．

■和 $X + Y$ の分布

例えば，「あんパン」を製造する工程で，その重量を管理しているとします．そのあんパンはパン生地とその中のあんこからなり，それぞればらつきが生じているとします．これらをモデル化するために，パン生地の重量は $X \sim N(\mu_X, \sigma_X^2)$ とし，あんこの重量は $Y \sim N(\mu_Y, \sigma_Y^2)$ にそれぞれ従うとすれば，あんパンの重量は和 $X + Y$ で表現できます．これを用いて，その確率分布がどうなるかを見てみます．ここで，X と Y は独立であるとしておきます[12]．

12) この場合には，パン生地とあんこの重量は独立と仮定しても問題ないでしょう．

このとき $X + Y$ の分布も正規分布に従い，その平均および分散は

$$\mu_{X+Y} = \mu_X + \mu_Y, \quad \sigma_{X+Y}^2 = \sigma_X^2 + \sigma_Y^2$$

で与えられます．すわなち，$X + Y \sim N(\mu_X + \mu_Y, \sigma_X^2 + \sigma_Y^2)$ となります．この性質は，**正規分布の再生性**と呼ばれます．

一般に，$X_1, X_2, \ldots, X_n$ が互いに独立にそれぞれ $N(\mu_i, \sigma_i^2), i = 1, 2, \ldots, n$ に従うとき，次のような性質があることが知られています．

$$a_1 X_1 + \cdots + a_n X_n \sim N(a_1\mu_1 + \cdots + a_n\mu_n, a_1^2\sigma_1^2 + \cdots + a_n^2\sigma_n^2)$$

■標本平均 $\bar{X}$ の分布

正規分布 $N(\mu, \sigma^2)$ に従う n 個の独立な確率変数 $X_1, X_2, \ldots, X_n$ の標本平均の分布は，

$$\bar{X} = \frac{1}{n}\sum_{i=1}^{n} X_i \sim N\left(\mu, \frac{\sigma^2}{n}\right) \tag{1.17}$$

となります．

これは次のように示すことができます. 一般に, n 個の互いに独立な標本 $X_1, X_2, \ldots, X_n$ が正規分布 $N(\mu, \sigma^2)$ に従うとき, これらの線形結合 $\sum_{i=1}^{n} a_i X_i$ は正規分布に従います. このことより, $\bar{X} = (\sum_{i=1}^{n} X_i)/n$ は正規分布に従い, その期待値は (1.10) 式より

$$E[\bar{X}] = \frac{1}{n} \sum_{i=1}^{n} E[X_i] = \mu \tag{1.18}$$

となります.

また, その分散は (1.13) 式より

$$\mathrm{Var}[\bar{X}] = \frac{1}{n^2} \sum_{i=1}^{n} \mathrm{Var}[X_i] = \frac{\sigma^2}{n} \tag{1.19}$$

となります. これより, 統計量 $\bar{X}$ の分布は $\bar{X} \sim N(\mu, \sigma^2/n)$ となることがわかります. また, 正規化した統計量は

$$U = \frac{\bar{X} - \mu}{\frac{\sigma}{\sqrt{n}}} \sim N(0, 1^2) \tag{1.20}$$

となります.

■標本平均の差 $\bar{X} - \bar{Y}$ の分布

確率変数の組を $X_1, X_2, \ldots, X_{n_1} \sim N(\mu_X, \sigma_X^2)$ とし, さらにそれらと独立に $Y_1, Y_2, \ldots, Y_{n_2} \sim N(\mu_Y, \sigma_Y^2)$ とき

$$\bar{X} - \bar{Y} \sim N\left(\mu_X - \mu_Y, \ \frac{\sigma_X^2}{n_1} + \frac{\sigma_Y^2}{n_2}\right) \tag{1.21}$$

となります.

(1.17) 式より, $\bar{X} \sim N(\mu_X, \sigma_X^2/n_1)$, $\bar{Y} \sim N(\mu_Y, \sigma_Y^2/n_2)$ となることから, 正規分布の再生性より (1.21) を導出することができます. このとき,「母平均は差, 母分散は和」で表現されていることに注意してください. (1.21) より, 標本平均の差は

$$U = \frac{\bar{X} - \bar{Y} - (\mu_X - \mu_Y)}{\sqrt{\frac{\sigma_X^2}{n_1} + \frac{\sigma_Y^2}{n_2}}} \sim N(0, 1^2) \tag{1.22}$$

のようにして正規化することができます.

1.10 χ^2 分布

■ χ^2 分布

互いに独立に $N(\mu, \sigma^2)$ に従う $X_1, X_2, \ldots, X_n$ があるとき，統計量

$$\chi^2 = \frac{\sum_{i=1}^{n}(X_i - \mu)^2}{\sigma^2} \tag{1.23}$$

は自由度 $\phi = n$ の χ^2 分布と呼ばれます．

母平均 μ を標本平均 $\bar{X}$ に置き換えた

$$\chi^2 = \frac{\sum_{i=1}^{n}(X_i - \bar{X})^2}{\sigma^2} = \frac{S}{\sigma^2} = \frac{(n-1)s^2}{\sigma^2} = \frac{(n-1)V}{\sigma^2} \tag{1.24}$$

は，自由度 $\phi = n - 1$ の χ^2 分布となります．この性質は，母分散 σ^2 に対する検定などさまざまな統計的検定に用いられます[13]．

[13] χ^2 分布が用いられる検定としては，適合度検定や分割表における独立性の検定などが知られています．

■ χ^2 分布のパーセント点

上側確率 α に対応するパーセント点を**上側 100α パーセント点**と呼び，本書では，自由度 ϕ の χ^2 分布の上側 100α パーセント点を $\chi^2(\phi; \alpha)$ と記します．これらの関係式を表すと，

$$\alpha = \Pr\{\chi^2 \geq \chi^2(\phi; \alpha)\} \tag{1.25}$$

となります．χ^2 分布は，自由度 ϕ が大きくなるほど，また上側確率 α が小さくなるほど，パーセント点が大きくなります．ここで自由度 3 の χ^2 分布と，その上側 95%点と上側 5%点を図 1.9 に示しておきます．

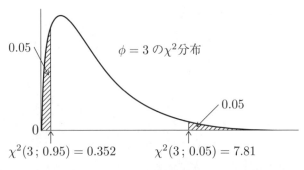

図 1.9 χ^2 分布の確率密度関数とパーセント点

1.11 t 分布

■ t 分布

$X \sim N(\mu, \sigma^2)$ とするとき,標本平均 $\bar{X}$ は $\bar{X} \sim N(\mu, \sigma^2/n)$ に従います.このとき $\bar{X}$ を正規化すると,次のように表現できます.

$$Z = \frac{\bar{X} - \mu}{\sqrt{\sigma^2/n}} \tag{1.26}$$

ここで,未知母数である母分散 σ^2 を不偏分散 V に置き換えた統計量

$$T = \frac{\bar{X} - \mu}{\sqrt{V/n}} \tag{1.27}$$

の分布は,自由度 $\phi = n-1$ の t 分布になります[14].

W. Gosset (1876―1937)[15] によって提案された t 分布は,標準正規分布と同じく平均は 0 ですが,その形状は自由度 ϕ が小さいと標準正規分布に比べて広がりが大きくなっており,自由度が大きくなるにつれて標準正規分布に近づきます.

■ t 分布のパーセント点

両側確率 α(片側では $\alpha/2$)に対応するパーセント点を,両側 100α パーセント点と呼びます.本書では,自由度 ϕ の t 分布の両側 100α パーセント点を $t(\phi;\alpha)$ と記します.これらを関係式で表せば,次のようになります.

$$\alpha = \Pr\{|T| \geq t(\phi;\alpha)\} \tag{1.28}$$

ここで,自由度 3 の t 分布とその両側 5%点を図 1.10 に示しておきます.

[14] 自由度 ϕ の t 分布は,$Z \sim N(0, 1^2)$ かつ $W \sim \chi^2(\phi)$ で,Z と W が独立な場合,$Z/\sqrt{W/\phi}$ が従う分布として定義されます.(1.27) 式の統計量 T は,変換することによりデータ数のみで決定される分布となっていることがポイントです.t 分布は,主にデータ数が少なく,σ^2 が未知の場合の検定の計算に用いられます.

[15] William Sealy Gosset は 1899 年にギネスビール社に就職し,そこで彼の最も有名な業績となる「スチューデントの t 分布」を発表しました.スチューデント (Student) は,彼のペンネームです.

図 1.10 t 分布の確率密度関数とパーセント点

1.12　F 分布

■ F 分布

$X_{11}, X_{12}, \ldots, X_{1n_1}$ が互いに独立に $N(\mu_1, \sigma_1^2)$ に従い，さらにそれらと独立に $X_{21}, X_{22}, \ldots, X_{2n_2}$ が互いに独立に $N(\mu_2, \sigma_2^2)$ に従うとき，統計量

$$F = \frac{V_1/\sigma_1^2}{V_2/\sigma_2^2} \tag{1.29}$$

は自由度 (n_1-1, n_2-1) の F 分布に従います[16]．ここで $V_i, i = 1, 2$ は，σ_i^2 の不偏分散です．また，統計量 F の分子に対応する自由度を ϕ_1 と表し，分母に対応する自由度を ϕ_2 と表しておきます．

■ F 分布のパーセント点

自由度 (ϕ_1, ϕ_2) の F 分布の上側 100α パーセント点を，本書では $F(\phi_1, \phi_2; \alpha)$ と記します．これらを関係式で表せば，次のようになります．

$$\alpha = \Pr\{F \geq F(\phi_1, \phi_2; \alpha)\} \tag{1.30}$$

ここで，自由度 $(4, 8)$ の F 分布とそのパーセント点を図1.11に示しておきます[17]．

[16] W_1 が自由度 ϕ_1 の χ^2 分布，W_2 が自由度 ϕ_2 の χ^2 分布に従い，かつ W_1 と W_2 が独立な場合，$(W_1/\phi_1)/(W_2/\phi_2)$ が従う分布は，自由度 (ϕ_1, ϕ_2) の F 分布と定義されます．F 分布は，2つの母集団 $N(\mu_1, \sigma_1^2)$，$N(\mu_2, \sigma_2^2)$ を想定したときの σ_1^2 と σ_2^2 が等しいかどうか（等分散性）の検定の計算に用いられます．

[17] 関係式 $F(\phi_1, \phi_2; 1-\alpha) = 1/F(\phi_2, \phi_1; \alpha)$ となることに注意してください．

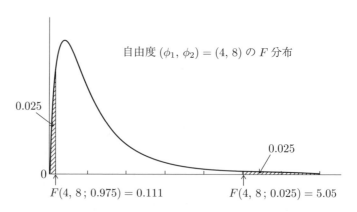

図 **1.11**　F 分布の確率密度関数とパーセント点

2 統計的検定と推定の基礎

　本章では，統計的検定と区間推定の考え方，およびその手順を解説します．ここではまず，1つの正規母集団における母平均 μ や母分散 σ^2 に関する統計的検定と区間推定について説明します．これらを行う際には，母数が既知あるいは未知かどうかで計算方法が異なりますので注意してください．

　またここでは，2つの正規母集団から得られたデータに基づき，それぞれの母集団の母平均 μ_1 と μ_2，母分散 σ_1^2 と σ_2^2 を比較するための解析方法についても解説します．

2.1 仮説検定の考え方

【例】パンを製造している工程で，その重量を管理しているとします．ところが最近，焼き上がり重量のばらつきによる不適合品がみられるようになりました．そこで，データを採取して管理状態を検討することになり，製品 10 個をランダムサンプリングしました．そのデータセットが次のように得られたとし，規格値（ねらい値）は 300 [g] であるとします．

$$309, 298, 303, 302, 303, 300, 305, 306, 303, 294$$

ここで平均を計算すると，$\bar{x} = 302.3$ となります．このとき，「平均値が規格値の 300 ではない」ことを客観的に判断する方法が統計的検定です．

仮定として，製造ラインに流れている個々のパンの<u>重量</u>を要素とする集まりを母集団とし，その母集団分布を正規分布とします．また，その正規分布における分散が既知であるとし，$\sigma_0^2 = 2.5^2 = 6.25$ としておきます．つまり，母集団分布として $N(\mu, 2.5^2)$ を仮定することになります[18]．

このとき，統計的検定の手順は次のようになります．

18) 分散が既知というのは，平均が未知という状況ではあまり採用されません．ここでは特性のばらつきが安定しており，過去のデータから一定に維持されているという事実がある場合を想定しています．母分散が未知の場合の母平均に対する検定については，後で説明します．

1. 「$\mu = 300$」という仮説のもとで分布を求めます．この仮説は否定するためのものであり，**帰無仮説** (null hypothesis) と呼ばれています．一方，「$\mu = 300$ ではない」「$\mu < 300$」「$\mu > 300$」といった仮説は，**対立仮説** (alternative hypothesis) と呼ばれています．対立仮説が「$\mu = 300$ ではない」のものを**両側検定**といいます．また対立仮説が「$\mu < 300$」や「$\mu > 300$」のものを**片側検定**といいます．

2. $X_1, X_2, \ldots, X_{10}$ が $N(\mu, 2.5^2)$ ならば，標本平均は $\bar{X} \sim N(\mu, 2.5^2/10)$ となり，これを正規化変換した統計量が

$$Z = \frac{\bar{X} - \mu}{\sqrt{2.5^2/10}} \sim N(0, 1^2)$$

となることを利用します．帰無仮説が正しいという仮定のもとで分布を求めるために，この式に $\mu = 300$ を代入します．$\mu = 300$ を代入した Z は**検定統計量**と呼ばれています．標本平均である $\bar{x} = 302.3$ を代入すると，

$$z = \frac{302.3 - 300}{\sqrt{2.5^2/10}} = 2.91$$

となります．

3. 帰無仮説のもとで，この検定統計量の実現値以上に極端なことが生じる確率を計算します．ここで両側検定「$\mu = 300$ ではない」場合の $\Pr\{|Z| > z\}$ を求めると，0.0036 となります[19]．この値が 0.05 より小さい場合，それを 5%**有意** (significant) といいます．5%有意であるとは，帰無仮説 $\mu = 300$ が成り立っているならば，$\bar{x}$ が 302.3 もしくはそれよりも大きくなる確率は 0.05 以下である（ほとんどそうなることはない）ということを意味します[20]．5%有意かどうかをみるには，別の方法もあります．標準正規分布の 95%のパーセント点は ± 1.96 なので，$|z| \geq 1.96$ であれば p 値は 5%以下になります[21]．ここで $|z| \geq 1.96$ を満たす領域を**棄却域**と呼びます[22]．

■**母平均 μ に関する検定（σ^2 既知の場合）**

1. 仮説の設定：帰無仮説 $H_0 : \mu = \mu_0$ （母平均は規格値と等しい），
   対立仮説 $H_1 : \mu \neq \mu_0$

2. 標準偏差 σ_0^2 は既知であるとし，次の検定統計量を計算する．

$$z = \frac{\bar{x} - \mu}{\sqrt{\sigma_0^2/n}}$$

3. $|z| \geq 1.96$ ならば H_0 を棄却する．すなわち，「有意水準 5%で，母平均は規格値と異なる」と言える．

【**解析結果**】本事例のデータを用いて，母分散 σ^2 が既知（$\sigma_0^2 = 2.5^2 = 6.25$）の場合の母平均 μ に関する検定を行ってみましょう．JMP を用いた「平均の検定」の出力結果は，図 2.1 のようになります．図 2.1 より，検定統計量は 2.91 であり，対応する p 値をみると 1%有意であることがわかります．　　□

───JMP を用いた解析（母平均 μ に関する検定—σ^2 既知の場合—）───

- **要約統計量**：メニューの [分析] → [一変量の分布] を選択し，「焼き上がり重量」を [Y, 列] に指定して [OK] ボタンをクリックすると，ヒストグラム，分位点，要約統計量が図 2.1 のように出力されます．
- **母平均に関する検定（z 検定）**：[焼き上がり重量] の横の三角ボタン ▽ を押し，「平均の検定」を選択するとダイアログが表示されます．その中の「仮説平均を指定」で，ねらい値を [300] と入力します．さらに「真の標準偏差を入力して，t 検定ではなく z 検定を行う」に既知の標準偏差である [2.5] を入力して [OK] ボタンをクリックすると，図 2.1 のように $\sigma_0^2 = 2.5^2$ とした [平均の検定] の出力結果が追加され，対応する検定統計量および p 値が表示されます．

---

[19] 帰無仮説が正しいと仮定したもとで，得られたデータ以上に極端なことが生じる確率のことを p **値**といいます．もし p 値が小さければ，データは帰無仮説を否定する証拠になっていると判断します．

[20] 5%有意であるときには，「$\mu = 300$ が成立しない」あるいは「μ は 300 ではない」と結論付けます．

[21] 標準正規分布の 95%のパーセント点および棄却域は，後述の図 2.2 を参照してください．

[22] σ^2 既知の場合の平均値の検定を z **検定**と呼ぶこともあります．

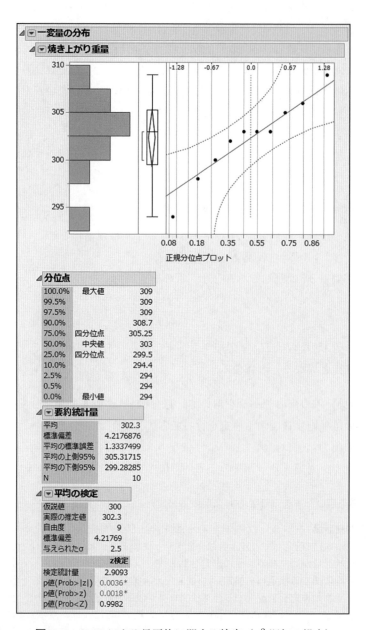

図 2.1　JMP による母平均に関する検定（σ^2 既知の場合）

2.2 推定の考え方

■点推定

2.1 節では，10 個の標本の平均値が $\bar{x} = 302.3$ [g] であるということから，母平均 μ はねらい値 300 [g] であるという帰無仮説を棄却しました．このとき，母平均 μ は標本平均 $\bar{x} = 302.3$ で推定しています．このように未知母数を 1 つの数値によって推定する方法を，**点推定** (point estimation) といいます．

これらを一般的に記せば，n 個の確率変数の組 $X_1, X_2, \ldots, X_n$ を観測するとき，その母平均 μ を

$$\widehat{\mu} = \bar{X} = \frac{X_1 + X_2 + \cdots + X_n}{n}$$

で推定していることになります．この統計量 $\widehat{\mu}$ を特に**推定量** (estimator) と呼び，実際に得られたデータを用いて計算された実現値を**推定値** (estimate) と呼びます．

また，点推定を行う際には，「母数に対して，平均的には大きくも小さくもない推定量であること」を望ましい性質として要求します．これを**不偏性**といいます．一般に，未知母数を θ とするとき，$E[\widehat{\theta}] = \theta$ を満たす推定量 $\widehat{\theta}$ を θ の**不偏推定量**といいます．

例えば，互いに独立に正規分布 $N(\mu, \sigma^2)$ に従う確率変数の組 $X_1, X_2, \ldots, X_n$ から計算される次の 2 つの標本平均を考えてみます．

$$\bar{X}_1 = \frac{X_1 + X_2}{2}, \quad \bar{X}_2 = \frac{X_1 + X_2 + \cdots + X_{10}}{10}$$

1 つめの標本平均は，はじめの 2 個のデータしか使っていません．2 つめの標本平均は，10 個のデータを使っています．これらの標本平均は，いずれも不偏推定量です．他にもデータを 3 個しか使わなかった場合の標本平均など，不偏推定量は数多く存在します．そのため，不偏性という基準だけでは，どの推定量が良いかは判断できません．

そこで不偏性に加え，点推定として「推定値のばらつき（例えば分散）をできるだけ小さくなるようにしたい」という性質も要求します．$\bar{X}_1$ と $\bar{X}_2$ の分散は，それぞれ

$$\mathrm{Var}[\bar{X}_1] = \frac{\sigma^2}{2}, \quad \mathrm{Var}[\bar{X}_2] = \frac{\sigma^2}{10}$$

となるので，$\bar{X}_2$ のほうがばらつきが小さい推定量であることがわかります．

■区間推定

区間推定 (interval estimation) とは，データから未知母数 θ を推定するときに，点ではなく，ある程度の幅をもった区間で推定する方法です[23]．以下で，「分散 σ^2 を既知とした場合」の μ の区間推定の構成方法を説明します．

いま，統計量が

$$Z = \frac{\bar{X} - \mu}{\sqrt{\sigma_0^2/n}} \sim N(0, 1^2)$$

となることから，図 2.2 に示すように $\Pr\{-1.96 \leq Z \leq 1.96\}$ は 0.95 となります．これを書き改めると，次のような式が得られます．

$$\Pr\{-1.96 \leq Z \leq 1.96\} = \Pr\left\{-1.96 \leq \frac{\bar{X} - \mu}{\sqrt{\sigma_0^2/n}} \leq 1.96\right\}$$
$$= \Pr\left\{\bar{X} - 1.96 \times \frac{\sigma_0}{\sqrt{n}} \leq \mu \leq \bar{X} + 1.96 \times \frac{\sigma_0}{\sqrt{n}}\right\} = 0.95$$

これは，「未知母数 μ が区間 $(\bar{X} - 1.96 \times \sigma_0/\sqrt{n}, \bar{X} + 1.96 \times \sigma_0/\sqrt{n})$ に含まれる確率は 0.95 である」ということを意味します．ここで，確率 0.95 を**信頼率** (confidence coefficient) と呼び，得られる区間を**信頼区間** (confidence interval) と呼びます[24]．

【解析結果】 2.1 節のデータを用いて，母分散 σ^2 が既知の場合の母平均 μ に関する区間推定を求めてみましょう．$\sigma_0^2 = 2.5^2 = 6.25, n = 10$, 点推定値 $\bar{x} = 302.3$ であることから，信頼率 95% の信頼区間を求めると，$(300.75, 303.85)$ となります．これは「未知母数 μ は $(300.75, 303.85)$ の区間に存在している」と 95% の信頼率で主張できることを意味しています[25]． □

[23] データから計算された平均値は，母平均 μ とは必ずしも一致しません．そこで，平均値 $\bar{x}$ によって母平均は○○ぐらいであるとか，推定誤差を考慮すれば母平均は (○, △) ぐらいであるといったように表現します．前者を**点推定**，後者を**区間推定**と呼びます．

[24] ここで，μ は固定された値であり，区間の上下限が確率変数であることに注意してください．データが得られたら，統計量である $\bar{X}$ に標本平均の実現値を代入します．

[25] 真の平均 μ が「信頼区間 $(300.75, 303.85)$ の中に 0.95 の確率で入っている」と解釈をしてはいけません．信頼率が 95% という意味は，同じ方法で標本を抽出し，同じ計算方法で信頼区間を計算することを 100 回繰り返せば，そのうち平均して 95 回は各信頼区間のなかに未知母数 μ が含まれているということを意味しています．

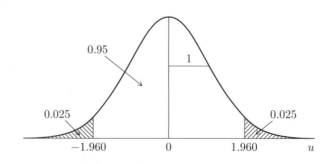

図 2.2 標準正規分布のパーセント点

2.3 母分散に関する検定と推定

【例】 パンの焼き上がり重量の規格を 300 ± 5 [g] であるとします．このとき，製造工程のばらつきが例えば $\sigma = 2$ $(\sigma^2 = 4)$ 程度でないと，工程能力が十分ではないとしましょう．そこで，次のデータを用いて工程能力を定量的に検証してみます．

$$309, 298, 303, 302, 303, 300, 305, 306, 303, 294$$

母分散 σ^2 に対する検定として，帰無仮説 $H_0 : \sigma^2 = \sigma_0^2$ （σ_0^2 はねらい値）とすれば，検定統計量は既に (1.24) 式で与えられたように，

$$\chi_0^2 = \frac{S}{\sigma_0^2}$$

となります．この検定統計量は，帰無仮説が正しいという仮定のもとで χ^2 分布に従います．この性質を利用し，次のように統計的検定を構成します．

■母分散 σ^2 に関する検定

1. 仮説の設定：帰無仮説 $H_0 : \sigma^2 = \sigma_0^2$ （σ_0^2 はねらい値），
   対立仮説 $H_1 : \sigma^2 \neq \sigma_0^2$
2. 検定統計量

$$\chi_0^2 = \frac{S}{\sigma_0^2}$$

   を計算する．
3. 有意水準 5% とし，$\chi_0^2 \geq \chi^2(n-1; 0.025)$ または $\chi_0^2 \leq \chi^2(n-1; 0.975)$ ならば H_0 を棄却する．すなわち，「有意水準 5% で，母分散はねらい値（規格値）と異なる」と言える[26]．

【解析結果】 帰無仮説 $H_0 : \sigma^2 = 2^2 = 4$，対立仮説 $H_1 : \sigma^2 \neq 2^2 = 4$ とします．検定統計量は $\chi_0^2 = S/4 = 40.025$ と計算されます．ここで有意水準 5% とすると，$\chi_0^2 \geq \chi^2(9; 0.025) = 19.02$ となるので有意となります[27]．これより，「工程の能力は，ねらい値と比較して十分であるとは言えない」ということが客観的事実によって示されたことになります． □

26) 両側検定の場合には，$\Pr\{\chi^2 \geq \chi_0^2\}$, $\Pr\{\chi^2 \leq \chi_0^2\}$ を計算します．この p 値のいずれかが 0.025 以下であれば，母分散はねらい値と異なると言えます．

27) $\Pr\{\chi^2 \geq \chi_0^2\}$ は 0.05% 以下であり，これを 2 倍した値が 0.1% 以下となるので，高度に有意であることがわかります．

母分散 σ^2 の点推定量は，$V = S/(n-1)$ を用います．また，σ^2 の区間推定は

$$\Pr\left\{\chi^2(\phi; 1-\alpha/2) \leq \frac{S}{\sigma^2} \leq \chi^2(\phi; \alpha/2)\right\} = 1-\alpha$$

であり，式変形すると次式が得られます．

$$\Pr\left\{\frac{S}{\chi^2(\phi; \alpha/2)} \leq \sigma^2 \leq \frac{S}{\chi^2(\phi; 1-\alpha/2)}\right\} = 1-\alpha$$

これより，母分散 σ^2 の推定は次のようにまとめられます．

■母分散 σ^2 に関する推定

点推定：

$$\widehat{\sigma}^2 = V = \frac{S}{n-1}$$

区間推定：信頼率 $100(1-\alpha)\%$ の母分散 σ^2 の信頼区間

$$\left(\frac{S}{\chi^2(\phi; \alpha/2)},\ \frac{S}{\chi^2(\phi; 1-\alpha/2)}\right)$$

【解析結果】 データより，点推定値を求めると $\widehat{\sigma}^2 = 4.22^2$ となります．また，信頼率 95% で信頼区間を構成すると，

$$\left(\frac{160.1}{\chi^2(9; 0.025)},\ \frac{160.1}{\chi^2(9; 0.975)}\right) = (2.90^2, 7.70^2)$$

で与えられます． □

JMP を用いた解析（母分散に関する検定と区間推定）

- **要約統計量**：メニューの [分析] → [一変量の分布] を選択し，「焼き上がり重量」を [Y, 列] に指定して [OK] ボタンをクリックすると，ヒストグラム，分位点，要約統計量が図 2.3 のように出力されます．
- **正規分位点プロット**：分布の正規性を確認するためには，[焼き上がり重量] の横の三角ボタン ▽ をクリックして [正規分位点プロット] を選択すれば，箱ひげ図の右に正規分位点プロットが表示されます．
- **母分散に関する検定**：[焼き上がり重量] の横の三角ボタン ▽ をクリックして「標準偏差の検定」を選択すると，ダイアログが表示されます．その中の「仮説標準偏差を指定」で既知（ねらい値）の標準偏差の値 [2] を入力して [OK] ボタンをクリックすると，[標準偏差の検定] の出力結果が得られます．
- **母分散に関する区間推定**：[焼き上がり重量] の横の三角ボタン ▽ をクリックして [信頼区間] → [0.95] を選択すると，95% 信頼区間が表示されます．

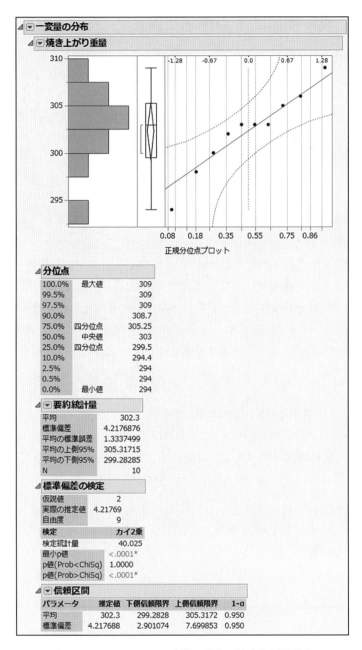

図 2.3　JMP による母分散に関する検定と区間推定

2.4 母平均に関する検定と推定

【例】パンを製造している工程で，その重量を管理しているとします．ところが最近，焼き上がり重量のばらつきによる不適合品がみられるようになりました．そこで，データを採取して管理状態を検討することになり，製品 10 個をランダムサンプリングしました．そのデータセットが次のように得られたとし，規格値（ねらい値）は 300 [g] であるとします．

$$309, 298, 303, 302, 303, 300, 305, 306, 303, 294$$

これより平均を計算すると，$\bar{x} = 302.3$ となります．このとき，平均値が規格値の 300 と異なるかどうかを判定する方法が統計的検定です．

これは 2.1 節で用いた例です．本節との違いは，2.1 節では母分散 $\sigma^2 = 2.5^2$ が既知であることを前提にしている点です．しかし現実的には，「平均が未知であるのに分散が既知である」というのは，あまり考えられません．

母分散 σ^2 が未知のときには，その分散の点推定値 $\hat{\sigma}^2 = V$ を代入します．このとき (1.27) 式で与えられる **t 分布**を用いて，次のような手順で仮説検定を行います．

■母平均 μ に関する検定（σ^2 未知の場合）

帰無仮説におけるねらい値を μ_0 とします．p 値が 5％以下であれば，「有意水準 5％で帰無仮説を棄却する」あるいは「差 $\bar{x} - \mu_0$ は 5％有意である」といいます[28]．

1. 仮説の設定：帰無仮説 $H_0 : \mu = \mu_0$（母平均はねらい値と等しい），
   対立仮説 $H_1 : \mu \neq \mu_0$

2. 検定統計量

$$t_0 = \frac{\bar{x} - \mu_0}{\sqrt{V/n}}$$

を計算する．

3. 有意水準 5％とし，$|t_0| \geq t(n-1; 0.05)$ ならば H_0 を棄却する．すなわち，有意水準 5％で母平均は規格値と異なると言える[29]．

---

[28] 統計的検定には，主に，Neyman 流の仮説検定と，Fisher 流の有意性検定という 2 つの立場があります．「有意水準 5％で帰無仮説を棄却する」は Neyman 流検定での表現方法で，「差 $\bar{x} - \mu_0$ は 5％有意である」は Fisher 流検定での表現方法です．

[29] 両側検定の場合には，$\Pr\{|T| \geq |t_0|\}$ を計算します．この p 値が 0.05 以下であれば，「母平均はねらい値と異なる」と言えます．p 値が 0.05 以下のときに H_0 を棄却することは $|t_0| \geq t(n-1; 0.05)$ ならば H_0 を棄却するということと同じです．

【解析結果】 帰無仮説 $H_0 : \mu = 300$，対立仮説 $H_1 : \mu \neq 300$ とします．平均値 $\bar{y} = 302.3$，分散 $V = 4.218^2 = 17.79$ を用いて検定統計量 t_0 の値を計算すると，

$$t_0 = \frac{\bar{y} - \mu_0}{\sqrt{V/n}} = \frac{302.3 - 300}{\sqrt{17.79/10}} = 1.72$$

となります．

帰無仮説 H_0 のもとで t_0 は自由度 $\phi = n - 1$ の t 分布に従います．棄却域 $|t_0| \geq t(9; 0.05)$ とすれば t 値は 2.262 なので，5%有意ではありません．これより「母平均 μ はねらい値 300 とズレている」とは判断できません[30]．　□

母平均 μ の点推定量は，$\bar{x}$ を用います．また，μ の区間推定については

$$\Pr\left\{ -t(\phi; \alpha) \leq \frac{\bar{x} - \mu}{\sqrt{V/n}} \leq t(\phi; \alpha) \right\} = 1 - \alpha$$

より，式変形すると

$$\Pr\left\{ \bar{x} - t(\phi; \alpha)\sqrt{\frac{V}{n}} \leq \mu \leq \bar{x} + t(\phi; \alpha)\sqrt{\frac{V}{n}} \right\} = 1 - \alpha$$

が得られます．これより母平均 μ の推定は，次のようにまとめられます．

■母平均 μ に関する推定（σ^2 未知の場合）

点推定：$\widehat{\mu} = \bar{x}$

区間推定：信頼率 $100(1 - \alpha)\%$ の母平均 μ の信頼区間

$$\left(\bar{x} - t(\phi; \alpha)\sqrt{\frac{V}{n}},\ \bar{x} + t(\phi; \alpha)\sqrt{\frac{V}{n}} \right)$$

【解析結果】 データより点推定値を求めると，$\widehat{\mu} = \bar{x} = 302.3$ となります．また，信頼率 95%で信頼区間を構成すると，

$$\left(302.3 - t(9; 0.05)\sqrt{\frac{17.79}{10}},\ 302.3 + t(9; 0.05)\sqrt{\frac{17.79}{10}} \right) = (299.3, 305.3)$$

と求められます．　□

30) 帰無仮説 H_0 が正しいという仮定のもとで p 値を計算すると，0.1187 です．これより p 値は 5%よりも大きいので，「母平均 μ はねらい値 300 とズレている」とは判断できません．本当は母平均 μ と μ_0 に差があったとしても，n が小さければ t_0 の値が大きくならないため，有意差を見いだせないことがあります．このように，データ数が少ないために**検出力**も小さくなっている可能性があるので注意してください．

> **JMP を用いた解析（母平均 μ に関する検定—σ^2 未知の場合—）**
>
> - **母平均に関する検定**：[焼き上がり重量] の横の三角ボタン ▽ をクリックして [平均の検定] を選択すると，ダイアログが表示されます．その中の「仮説平均を指定」でねらい値を [300] と入力し，[OK] ボタンを押すと，母分散が未知の [平均の検定] の出力結果が図 2.4 のように追加されて表示されます．
> - **母平均に関する区間推定**：[焼き上がり重量] の横の三角ボタン ▽ をクリックして [信頼区間] → [0.95] を選択すると，95%信頼区間が表示されます．なお，母平均に関する 95%信頼区間は要約統計量の「平均の上側 95%」「平均の下側 95%」にも出力されています．

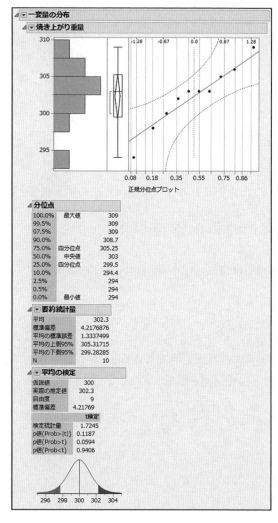

図 2.4 JMP による母平均に関する検定と区間推定（σ^2 未知の場合）

2.5 母平均の差に関する検定と推定(対応がある場合)

【例】 食パンを製造している工程で，その切断された食パンの厚さを管理しているとします．ところが最近，焼き上がりの食パンの定められた 2 箇所 A，B での厚さが同じではないという問題が指摘されました．

そこで，10 枚の食パンをランダムサンプリングし，それら A と B の位置での厚さを測定したところ，次のようになりました．これらのデータを用いて，工程の状態を定量的に検証してみましょう．

A での厚さ：22.1, 20.0, 19.5, 21.5, 22.6, 22.1, 21.5, 22.1, 21.0, 20.8 [mm]

B での厚さ：21.5, 18.1, 18.8, 21.0, 21.5, 19.3, 20.5, 20.9, 22.5, 20.5 [mm]

ここで，**対応を表す項**を γ_j と表すとき，データの構造式はそれぞれ次のようになります．

$$\text{A の構造式}: Y_{1j} = \mu_1 + \gamma_j + \varepsilon_{1j}, \quad \varepsilon_{1j} \sim N(0, \sigma_1^2)$$
$$\text{B の構造式}: Y_{2j} = \mu_2 + \gamma_j + \varepsilon_{2j}, \quad \varepsilon_{2j} \sim N(0, \sigma_2^2)$$

ただし，γ_j があるため，確率変数の組 $(Y_{11}, Y_{12}, \ldots, Y_{1n})$, $(Y_{21}, Y_{22}, \ldots, Y_{2n})$ には独立性が成り立たないことに注意してください．このような場合には対ごとに差をとることで，対応を表す項 γ_j を消去することができます[31]．

両者の差を d_j とすれば，

$$d_j = Y_{1j} - Y_{2j} = \mu_1 - \mu_2 + \varepsilon_{1j} - \varepsilon_{2j}, \quad \varepsilon_{1j} - \varepsilon_{2j} \sim N(0, \sigma_d^2)$$

と表現できます．ここでは $\sigma_d^2 = \sigma_1^2 + \sigma_2^2$ としています．

これらの差 $d_1, d_2, \ldots, d_n$ は互いに独立に $N(\mu_1 - \mu_2, \sigma_d^2)$ に従うので，これらの差に対して，前節における母平均の検定や推定と同様の手順を行えます．

$d_1, d_2, \ldots, d_n$ より平均を $\bar{d}$ とし，また母分散 σ_d^2 が未知のときには，その分散の点推定値 $\hat{\sigma}_d^2 = V_d$ を計算します．このとき，統計量

$$t_0 = \frac{\bar{d} - (\mu_1 - \mu_2)}{\sqrt{V_d/n}}$$

は (1.27) 式で与えられる自由度 $n-1$ の **t 分布**に従うことから，次のような手順で仮説検定を構成できます．

31) 厚さ A, B の違いを調べたいとき，同一製品の厚さが対応のとれた形で得られていれば，それらの厚さの差を計算することで製品自体のばらつきの影響が相殺され，A, B における差を把握しやすくなります．

■対応がある場合の母平均の差に関する検定（σ_d^2 未知の場合）

1. 仮説の設定：帰無仮説 $H_0 : \mu_1 = \mu_2$，対立仮説 $H_1 : \mu_1 \neq \mu_2$
2. 次の検定統計量を計算する．

$$t_0 = \frac{\bar{d}}{\sqrt{V_d/n}}$$

3. 有意水準 5%とし，$|t_0| \geq t(n-1; 0.05)$ ならば H_0 を棄却する．すなわち，H_0 を有意水準 5%で棄却し，μ_1 と μ_2 は異なると言える[32]．

【解析結果】 帰無仮説 $H_0 : \mu_1 = \mu_2$，対立仮説 $H_1 : \mu_1 \neq \mu_2$ とします．平均値 $\bar{d} = 0.86$, 分散 $V_d = 1.113^2$ を用いて検定統計量 t_0 の値を計算すると，

$$t_0 = \frac{\bar{d}}{\sqrt{V_d/n}} = \frac{0.86}{\sqrt{1.113^2/10}} = 2.444$$

となります．帰無仮説 H_0 のもとで t_0 値は自由度 $\phi = n-1$ の t 分布に従い，棄却域 $|t_0| \geq t(9; 0.05) = 2.262$ となるので 5%有意となります．すなわち，H_0 を棄却し，μ_1 と μ_2 は異なると判断します[33]．　□

■対応がある場合の母平均の差の推定（σ_d^2 未知の場合）

点推定：$\widehat{\mu_1 - \mu_2} = \bar{d}$

区間推定：信頼率 $100(1-\alpha)\%$ の母平均の差 $\mu_1 - \mu_2$ の信頼区間

$$\left(\bar{d} - t(\phi; \alpha)\sqrt{\frac{V_d}{n}}, \ \bar{d} + t(\phi; \alpha)\sqrt{\frac{V_d}{n}} \right)$$

【解析結果】 データより点推定値 $\widehat{\mu_1 - \mu_2} = \bar{d} = 0.86$ となり，信頼率 95%で信頼区間を構成すると，

$$\left(0.86 - t(9; 0.05)\sqrt{\frac{0.35^2}{10}}, \ 0.86 + t(9; 0.05)\sqrt{\frac{0.35^2}{10}} \right) = (0.064, 1.656)$$

と求められます．　□

JMP を用いた解析（対応がある場合の母平均の差の検定・推定）

- メニューの [分析] → [発展的なモデル] → [対応のあるペア] を選択し，「A」および「B」を [Y, 対応のある応答] に指定して [OK] ボタンをクリックすると，図 2.5 のように対応のある場合の平均の差に関する検定と推定の出力結果が表示されます．ここでは，[Y, 対応のある応答] に指定する際，「B」を先に「A」を後に選択した図を表示しています．

---

[32] 帰無仮説が正しいという仮定のもとで，両側検定の場合には $\Pr\{|T| \geq |t_0|\}$ を計算します．有意水準 5%で検定する場合には，この p 値が 0.05 以下であれば，帰無仮説を棄却し，μ_1 と μ_2 は異なると言えます．p 値が 0.05 以下のときに H_0 を棄却することは，$|t_0| \geq t(n-1; 0.05)$ ならば H_0 を棄却することと同じであることに注意してください．

[33] 両側検定の p 値を計算すると，0.037 になります．0.05 以下ですので，両側 5%の有意水準で H_0 を棄却し，μ_1 と μ_2 は異なると判断します．

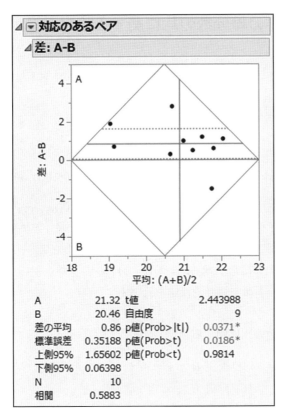

図 2.5　JMP による母平均の差の検定と推定（対応がある場合）

【参考】　先に注釈で説明した通り，統計的検定には主に Neyman 流の仮説検定と，Fisher 流の有意性検定という 2 つの立場があります．Neyman 流の仮説検定では，p 値に対する基準は検定を行う前に設定しておきます．事前に設定された基準は，「有意水準」と呼ばれています．この仮説検定では，仮説検定が十分な検出力をもつように設定しておき，p 値が有意水準以下であれば，例えば「有意水準 5% で，帰無仮説が棄却された」と表現し，有意水準のもとで「対立仮説を採択（受容）」します．一方，Fisher 流の有意性検定では，p 値の小ささは，データがどれぐらい証拠として強いかを示していると考えます．p 値が 5% 以下の場合には，「5%有意」あるいは「有意」などと表現します．p 値が 1% 以下の場合には，「1%有意」あるいは「高度に有意」などと表現します．ただし，この有意性検定では，「5%有意」や「1%有意」だけではなく，p 値そのものも報告するほうがよいでしょう．

2.6 2つの母分散の比に関する検定と推定

【例】 ある工場では，2台の機械を使って同種のパンを加工しています．ここで，機械ごとのばらつきを比較するため，機械 A から $n_1 = 10$ 個，機械 B から $n_2 = 11$ 個 の重量データを採取し，定量的な検証を行うことにしました．

$$機械 A：298, 314, 296, 302, 303, 300, 301, 300, 304, 306$$

$$機械 B：307, 305, 303, 302, 308, 300, 306, 306, 304, 303, 306$$

ここでは母集団分布として，機械 A については $N(\mu_1, \sigma_1^2)$，機械 B については $N(\mu_2, \sigma_2^2)$ を仮定し，2つの母分散が等しいかどうかの検定（**等分散性の検定**）を行います[34]．正規性を仮定すると，帰無仮説 $\sigma_1^2 = \sigma_2^2$ のもとで，検定統計量 V_1/V_2 は自由度 $(n_1 - 1, n_2 - 1)$ の F 分布に従います．この性質を用いて，次の手順で統計的検定を行います．

■ 2つの母分散の比に関する検定

1. 仮説の設定：帰無仮説 $H_0 : \sigma_1^2 = \sigma_2^2$（2つの母分散は等しい），
   対立仮説 $H_1 : \sigma_1^2 \neq \sigma_2^2$

2. 次の検定統計量を計算する[35]．

$$F_0 = V_1/V_2 \geq F(\phi_1, \phi_2; \alpha/2), \qquad V_1 \geq V_2$$

$$F_0 = V_2/V_1 \geq F(\phi_2, \phi_1; \alpha/2), \qquad V_1 < V_2$$

3. 有意水準 5% とし，$F_0 > F(\phi_1, \phi_2; 0.025)$ ならば H_0 を棄却する．すなわち，有意水準 5% で母分散の大きさは異なると言える[36]．

【解析結果】 帰無仮説 $H_0 : \sigma_1^2 = \sigma_2^2$，対立仮説 $H_1 : \sigma_1^2 \neq \sigma_2^2$ とします．それぞれ分散は $V_1 = 24.93 (= 4.9933^2)$，$V_2 = 5.67 (= 2.3817^2)$ であり，これより検定統計量 F_0 の値を計算すると $V_1 > V_2$ なので，

$$F_0 = \frac{V_1}{V_2} = 4.40$$

となります．帰無仮説 H_0 のもとで $F_0 \geq F(9, 10; 0.025) = 3.78$ となるので，5% で有意となります[37]．すなわち H_0 を棄却し，機械 A と機械 B のばらつきは異なると判断されます． □

---

[34] 母分散の違いをみるときには，それらの差ではなく，比で評価していることに注意してください．これは，比にすることによって，帰無仮説 $\sigma_1^2 = \sigma_2^2$ のもとで統計量の分布が母数に依存しない量になることが背後にあるからです．

[35] どちらか値の大きい分散を分子とします．

[36] p 値は $\Pr\{F > F_0\}$ を計算し，それを2倍することで求まります．この p 値が 0.05 以下ならば帰無仮説を棄却し，「母分散の大きさは異なる」と結論づけます．

[37] 帰無仮説 H_0 のもとで p 値は 0.0302 となるので，5% で有意となります．

次に，母分散の比 σ_1^2/σ_2^2 の推定量を求めます．σ_1^2/σ_2^2 の点推定量は，V_1/V_2 を用います．また，σ_1^2/σ_2^2 の区間推定については

$$\Pr\left\{F(\phi_1, \phi_2; 1-\alpha/2) \leq \frac{V_1/\sigma_1^2}{V_2/\sigma_2^2} \leq F(\phi_1, \phi_2; \alpha/2)\right\} = 1 - \alpha$$

となり，これを式変形すると次のようになります．

$$\Pr\left\{\frac{V_1}{V_2} \times \frac{1}{F(\phi_1, \phi_2; \alpha/2)} \leq \frac{\sigma_1^2}{\sigma_2^2} \leq \frac{V_1}{V_2} \times \frac{1}{F(\phi_1, \phi_2; 1-\alpha/2)}\right\} = 1 - \alpha$$

これより，母分散の比 σ_1^2/σ_2^2 の推定は次のようにまとめられます．

■ 2 つの母分散の比に関する推定

点推定：$\widehat{\sigma_1^2/\sigma_2^2} = V_1/V_2$

区間推定：信頼率 $100(1-\alpha)\%$ の母分散 σ_1^2/σ_2^2 の信頼区間[38]

$$\left(\frac{V_1}{V_2} \times \frac{1}{F(\phi_1, \phi_2; \alpha/2)}, \ \frac{V_1}{V_2} \times F(\phi_2, \phi_1; \alpha/2)\right)$$

38) 関係 $F(\phi_2, \phi_1; \alpha) = 1/F(\phi_1, \phi_2; 1-\alpha)$ となることに注意してください．

【解析結果】 データより，点推定値 $\widehat{\sigma_1^2/\sigma_2^2} = V_1/V_2 = 4.40$ となり，信頼率 95%で信頼区間を構成すると，

$$\left(\frac{V_1}{V_2} \times \frac{1}{F(9, 10; 0.025)}, \ \frac{V_1}{V_2} \times F(10, 9; 0.025)\right)$$
$$= \left(\frac{24.90}{5.70} \times \frac{1}{3.78}, \ \frac{24.90}{5.70} \times 3.96\right) = \left(4.40 \times \frac{1}{3.78}, \ 4.40 \times 3.96\right)$$
$$= (1.16, 17.42)$$

と求められます． □

JMP を用いた解析（等分散性の検定）

- メニューの [分析] → [二変量の関係] を選択し，「焼き上がり重量」を [Y, 目的変数]，「機械」を [X, 説明変数] に指定して [OK] ボタンをクリックすると，図 2.6 のように「機械による焼き上がり重量の一元配置分析」のプロットが表示されます．タイトルバーの横の赤い三角ボタン ▽ をクリックし，「等分散性の検定」を選択すると結果が表示されます．いくつかの検定結果のうち，「両側 F 検定」に検定統計量 F 値とそれに対応する p 値が表示されています（図 2.6）．

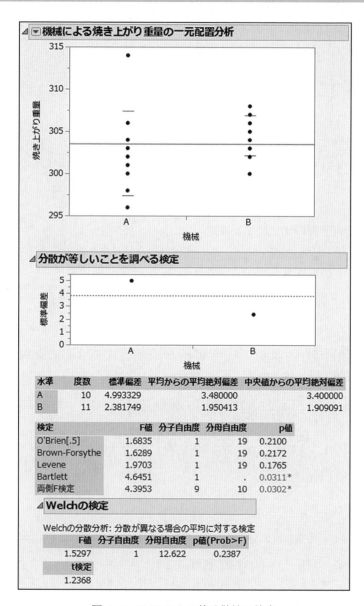

図 2.6　JMP による等分散性の検定

2.7 2つの母平均の差に関する検定と推定

【例】 ある製造工場では，2台の機械によって同種のパンを加工しています．ここで，機械の種類によって統計的な差があるかどうかを検証するため，機械 A より $n_1 = 10$ 個，機械 B より $n_2 = 11$ 個の重量データを採取しました．

机械 A：302, 303, 298, 302, 303, 300, 301, 300, 304, 303

机械 B：307, 305, 303, 302, 308, 300, 306, 306, 304, 303, 306

母集団分布として，機械 A については $X \sim N(\mu_1, \sigma_1^2)$，機械 B については $Y \sim N(\mu_2, \sigma_2^2)$ を想定し，2つの母平均が等しいかどうかの検定を行うことになります．そこで，母平均の差に関する検定において，1.9 節で述べたように標本平均の差が

$$\bar{X} - \bar{Y} \sim N\left(\mu_1 - \mu_2, \ \frac{\sigma_1^2}{n_1} + \frac{\sigma_2^2}{n_2}\right) \tag{2.1}$$

であるという事実により，次のような手順で統計的検定を行います．

■ **2つの母平均の差に関する検定（$\sigma_1^2 = \sigma_2^2$，ただし σ_1^2, σ_2^2 は未知）**

1. 仮説の設定：帰無仮説 $H_0 : \mu_1 = \mu_2$，対立仮説 $H_1 : \mu_1 \neq \mu_2$
2. 次の検定統計量 t_0 を計算する．

$$t_0 = \frac{\bar{x}_1 - \bar{x}_2}{\sqrt{V\left(\dfrac{1}{n_1} + \dfrac{1}{n_2}\right)}}, \quad \text{ただし } V = \frac{S_1 + S_2}{n_1 + n_2 - 2} \tag{2.2}$$

このとき検定統計量 t_0 は，$H_0 : \mu_1 = \mu_2$ の下で自由度 $\phi = n_1 + n_2 - 2$ の t 分布に従う．

3. 有意水準 5%とし，$|t_0| > t(\phi; 0.05)$ ならば H_0 を棄却する．すなわち，有意水準 5%で母平均の差はあるといえる[39]．

【解析結果】 帰無仮説 $H_0 : \mu_1 = \mu_2$，対立仮説 $H_1 : \mu_1 \neq \mu_2$ とし，検定統計量 t_0 の値を求めると，次のようになります．

$$t_0 = \frac{\bar{x}_1 - \bar{x}_2}{\sqrt{V\left(\dfrac{1}{n_1} + \dfrac{1}{n_2}\right)}} = -\frac{2.945}{\sqrt{4.586 \times \left(\dfrac{1}{10} + \dfrac{1}{11}\right)}} = -3.148$$

[39] 両側検定の場合，$\Pr\{|T| > |t_0|\}$ により p 値を計算します．有意水準 5%で検定する場合には，この p 値が 0.05 以下であれば「母平均の差はある」と判断します．ここで p 値が 5%以下であることは，$|t_0| > t(\phi; 0.05)$ であることに注意してください．

帰無仮説 H_0 のもとで，t_0 は自由度 $\phi = 10 + 11 - 2 = 19$ の t 分布に従います．ここで，棄却域 $|t_0| \geq t(19; 0.05)$ とすれば，t 値は 2.093 なので 5% 有意となります．これより，帰無仮説 H_0 を棄却し，母平均 μ_1 と μ_2 は統計的に異なると判断できます[40]．　　　　　　　　　　　　　　□

40) p 値を計算すると，0.0053 となります．有意水準 5% で検定する場合，p 値が 0.05 以下なので，帰無仮説 H_0 を棄却し，母平均 μ_1 と μ_2 は統計的に異なると判断できます．

次に，σ_1^2 と σ_2^2 が未知で，$\sigma_1^2 = \sigma_2^2$ である場合の 2 つの母平均の差に対する推定を述べます．母平均の差 $\mu_1 - \mu_2$ の点推定量は，$\bar{x}_1 - \bar{x}_2$ を用います．また $\mu_1 - \mu_2$ の区間推定については，

$$\Pr\left\{-t(\phi; \alpha) \leq \frac{\bar{x}_1 - \bar{x}_2 - (\mu_1 - \mu_2)}{\sqrt{V(1/n_1 + 1/n_2)}} \leq t(\phi; \alpha)\right\} = 1 - \alpha$$

であることより，式変形すると

$$\Pr\{\bar{x}_1 - \bar{x}_2 - t(\phi; \alpha)\sqrt{V(1/n_1 + 1/n_2)} \leq \mu_1 - \mu_2$$
$$\leq \bar{x}_1 - \bar{x}_2 + t(\phi; \alpha)\sqrt{V(1/n_1 + 1/n_2)}\} = 1 - \alpha$$

が得られ，次のようにまとめられます．

■ **2 つの母平均の差に関する推定（$\sigma_1^2 = \sigma_2^2$, ただし σ_1^2, σ_2^2 は未知）**
点推定：$\widehat{\mu_1 - \mu_2} = \bar{x}_1 - \bar{x}_2$
区間推定：信頼率 $100(1-\alpha)\%$ の $\mu_1 - \mu_2$ の信頼区間

$$(\bar{x}_1 - \bar{x}_2 - t(\phi; \alpha)\sqrt{V(1/n_1 + 1/n_2)},$$
$$\bar{x}_1 - \bar{x}_2 + t(\phi; \alpha)\sqrt{V(1/n_1 + 1/n_2)})$$

【解析結果】 本データでは，点推定値は $\widehat{\mu_2 - \mu_1} = \bar{x}_2 - \bar{x}_1 = 2.945$，信頼率 95% の信頼区間は $(0.987, 4.904)$ と求めることができます．　　　　□

ここでは，$\sigma_1^2 = \sigma_2^2$（σ_1^2, σ_2^2 は未知）の場合を説明しましたが，$\sigma_1^2 = \sigma_2^2$ であるかどうかわからない場合には，**Welch の近似検定** を用いて，2 つの母平均の差の検定や推定を行うことができます．なお，それぞれの母集団から採取するデータ数が等しいときには，等分散性の前提はそれほど大きな問題ではないことが知られています．

2.7 2つの母平均の差に関する検定と推定

JMPを用いた解析（2つの母平均の差に関する検定と推定）

- メニューの[分析] → [二変量の関係]を選択して「焼き上がり重量」を[Y, 目的変数]，「機械」を[X, 説明変数]に指定し，[OK]ボタンをクリックすると，図2.7のように「機械による焼き上がり重量の一元配置分析」のプロットが表示されます．タイトルバーの横の赤い三角ボタン▽をクリックし，「平均/ANOVA/プーリングしたt検定」を選択すると，「分散が等しいと仮定」したときの2つの母平均の差に関するt検定の結果が表示されます．

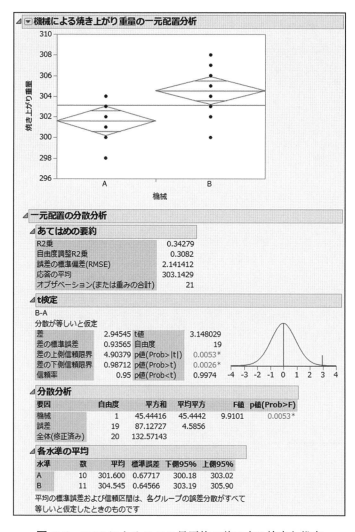

図 2.7　JMPによる2つの母平均の差にする検定と推定

3 実験計画法の基礎—分散分析—

　本章では「紙ヘリコプター」による実験を題材に，完全無作為化実験による計画と分散分析法を解説します．完全実施要因計画は，すべての因子の水準の組み合わせで実施する計画で，その実験回数は因子が数が多くなるとべき乗に増加していきます．これは最も情報量の多い計画ですが，実験にかかる予算と時間という観点では最大のコストを必要とします．

　これに対し，高次の交互作用などを犠牲にして実験回数の低減化を目的とした計画が，一部実施計画です．その1つとしては直交表実験が知られており，因子の効果を絞り込むためのスクリーニング実験としても用いられます．

3.1 実験計画法とは

■科学的精密実験

ある特性に対する要因の効果を，実験研究によって調べるとします．このとき，できるだけ条件を細かく管理してばらつきの変動をなるべく抑え，1つの要因が効果に現れるような条件を作り出す実験を，科学的精密実験と呼びます．科学的精密実験は，16世紀の哲学者 F. Bacon (1561–1626) などによって提唱されました．科学的精密実験では，交絡を防ぐこと，すわなち関心のある要因と他の要因の効果などが交ざったりしないようにし，純粋な効果を把握することを目的としています[41]．

[41] 詳しくは圓川・宮川 (1992)，宮川 (2006) を参照してください．

■ Fisher 流実験計画法

1920年代，イギリスの統計学者 R.A. Fisher (1890–1962) は，このような科学的精密実験の条件が成立しない場合があることを指摘しました．例えば，農業において土壌という場は完全に均一に管理できるものではなく，どうしてもばらつきや偶然変動が存在してしまいます．科学的精密実験に対して，Fisher は「管理していない誤差や偶然変動の存在を認めたうえで，複数の処理条件が特性に与える効果の相対的な比較を統計的に評価する方法」として，**実験計画法**を確立したのです．これは今日，Fisher 流実験計画法と呼ばれています[42]．Fisher 流実験計画法の特徴は，**Fisher の 3 原則**として知られている，

[42] 一般に，Fisher 流実験計画法が適用される場面とは，このように実験に取り上げた要因（因子）を固定した場合にも，関心のある特性がばらついてしまう状況を想定しています．

- **局所管理** (local control)
- **無作為化** (randomization)
- **反復** (replication)

の 3 つに要約されます[43]．

[43] 「局所管理」を行わず（ブロック因子を設定せず），無作為化と**繰り返し** (repetition) を採用した実験を**完全無作為化実験**といいます．例えば，谷津・宮川 (1988) の p.89 を参照してください．

農業の「場」だけではなく，製造業の工程においても，同一製品の特性はばらつきます．これは，工程で管理できる要因以外の要因が製品の特性に影響しているからです．また製造業の実験の「場」においても，実験誤差や測定誤差によって実験結果はばらつきます．このようなばらつきがある状況においては，「平均値の差だけで評価するのではなく，誤差の大きさと比べて相対的に評価すること」が必要になります．

【例】 紙ヘリコプターの2つの飛行条件を統計的に比較することを考えます. これらはいずれも A_1, A_2 という2つの飛行条件で, 繰り返し3回の完全無作為化実験を行って得られた飛行時間のデータです[44]. 表3.1に示す (a), (b) はいずれも, A_1 での平均は 4.60 [秒] で, A_2 での平均は 4.23 [秒] です. しかし, グラフ化すれば示唆されるように, (a) ではばらつきが大きく, A_1 と A_2 の差は明確ではありませんが, (b) では明らかに A_1 が A_2 よりも上回っていると結論できます.

> [44] 図3.2の紙ヘリコプター実験において, 飛行条件として羽の幅 A を変更した場合の飛行時間を計測しています.

表 3.1 2つの条件を比較ための飛行時間データ

	因子の水準	データ		因子の水準	データ
(a)	A_1	4.8, 5.6, 3.4	(b)	A_1	4.5, 4.7, 4.6
	A_2	4.9, 3.6, 4.2		A_2	4.2, 4.3, 4.2

実験データによる処理条件の比較は, 平均値の差のみで行うのではなく, 実験誤差の存在を認めたうえで, 繰り返し変動の大きさに基づいた相対評価をすることによって行います. このような相対評価を客観的に行うには, 既に述べたように, データの変動を条件が異なることによる変動 (処理間変動) と同一条件下の繰り返し変動 (処理内変動) とに分解し, さらに個々のデータが互いに独立に正規分布に従うとみなして **1元配置の分散分析**を行います.

【解析結果】 表3.2で与えられる分散分析表を見ると, (a) は p 値が 0.05 以下ではありませんが, (b) は高度に有意 (1%有意) です[45]. すなわち, (b) ならば水準変更に違いがあると統計的に結論付けることができます. (a) と (b) の平均の差は同じですが, 誤差による変動の大きさが両者では異なっていたため, このように検定結果が異なったのです. □

> [45] 分散分析表についての詳細は後述することにして, ここでは p 値だけに注目してください. なお, 2群の1元配置分散分析は, 2.7節で述べた「2つの母平均の差に関する検定」と同じです. また, 単に **t 検定**などと呼ばれることもあります.

表 3.2(a) (a) に対する分散分析表

要因	平方和	自由度	平均平方	F 値	p 値
A	0.20	1	0.20	0.243	0.648
e	3.33	4	0.83		
T	3.53	5			

表 3.2(b) (b) に対する分散分析表

要因	平方和	自由度	平均平方	F 値	p 値
A	0.20	1	0.20	30.250	0.005
e	0.03	4	0.007		
T	0.23	5			

■ t 検定と単回帰分析の関連性

図 3.1 は，表 3.2(b) のデータをもとに，2 つの平均値の差が誤差の範囲内であると言えるかどうか，すなわち t 検定の考え方を示したものです[46]．それぞれのプロットが各飛行条件 A_1, A_2 の飛行時間を示しており，$\bar{y}_1, \bar{y}_2$ はその平均値を示しています．t 検定で解析したい平均値とはこの $\bar{y}_1 - \bar{y}_2$ の差であり，もしこれが，データのばらつきによる誤差に比べて大きいと考えられるならば，飛行条件を変更した効果があると考えてもよいでしょう．

[46] 1 元配置の分散分析法において，処理条件あるいは水準が 2 つの場合を特に t 検定と呼んでいます．この t 検定は，2.7 節で述べた「2 つの母平均の差に関する検定」と同じです．

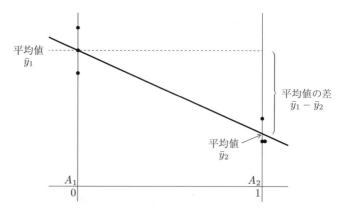

図 3.1　t 検定と単回帰分析の関連性

一方，このようなデータに対して，表 3.3 のように A_1 を 0，A_2 を 1 と形式的にダミー変数として表現すると，次章で述べる単回帰分析として考えることができます．

表 3.3　飛行時間のデータ

No.	飛行条件	飛行時間
1	0	4.5
2	0	4.7
3	0	4.6
4	1	4.2
5	1	4.3
6	1	4.2

単回帰分析における回帰直線（単回帰モデル）は,「データの中心（平均）を通る直線」として定義することができます. 図 3.1 のように各処理条件の平均値を結ぶことで回帰直線が得られ, その傾きは

$$\text{傾き（回帰係数）} = \frac{\text{処理間の平均値の差}}{1-0} = \text{処理間の平均値の差}$$

となり,「処理間の平均値の差」と一致していることがわかります.

得られたデータから算出された平均値の差および回帰係数は「t 分布に従う」ことが Fisher によって証明されており, 一見異なっているように見える概念を統一的に考えることができるのです.

実際, 表 3.3 に基づいて推定された単回帰式を求めると, 次のようになります.

$$\text{飛行時間 } \widehat{y} = 4.60 - 0.37 \times \text{飛行条件 } z$$

ただしダミー変数 z は, 飛行条件 A_1 のとき 0, A_2 のとき 1 としています.

これにより, 飛行条件 A_1 に比べて A_2 は 0.37 だけ予測値が小さくなる傾向があると解釈できます. また, 表 3.4 に示す分散分析表により, 1% 有意なので回帰に意味があるといえます. これより寄与率 R^2 は, 0.20/0.23＝0.88 と求められます[47]. □

[47] 表 3.2 (b) と表 3.4 の分散分析表がまったく同じ結果であることに注目してください.

表 3.4 単回帰分析の分散分析表

要因	平方和	自由度	平均平方	F 値	p 値
回帰	0.20	1	0.200	30.250	0.005
e	0.03	4	0.007		
S_T	0.23	5			

3.2 1元配置法—分散分析—

■紙ヘリコプター実験（1因子の場合）

実験計画法の教材としては，紙ヘリコプターがよく用いられます[48]．紙ヘリコプターの例を図 3.2 に示します．この節ではこれを題材に，1 つの制御因子を取り上げた場合の**分散分析法**について説明します．

[48) 例えば，椿・河村 (2008)，p.47 のコラム「紙ヘリコプターの輸入」を参照してください．]

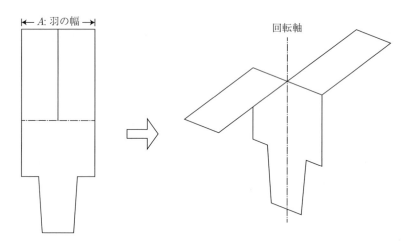

図 3.2　紙ヘリコプター（1 因子の場合）

本実験では，紙ヘリコプターの飛行時間が長くなるような条件を探索するため，羽の幅を制御因子 A として 3 水準に設定します．各水準で 2 機ずつ作成し，1 回ずつ飛行させて飛行時間を計測します．このとき，1 機ずつ製作して飛行を 2 回繰り返すのではなく，各条件で 2 機ずつ製作することがポイントです．ここで，実験データは計 6 機の紙ヘリコプター間で**完全無作為化実験**を行って採取します[49]．

本事例では，次のように制御因子を

A：羽の幅　　$A_1 : \bigcirc$，　$A_2 : \triangle$，　$A_3 : \square$ [cm]

の 1 因子 3 水準とし，いずれも**質的因子**として解析を行います．なお，**制御因子** (control factor) とは，設計開発や製造現場において「水準の指定や選択ができる因子」のことであり，技術者がその値を自由に選べる因子のことです．

[49) これにより，実験順序や時間に伴う系統誤差が存在しても，それらを「偶然誤差に転化する」ことで客観性の高いデータ解析ができます．]

実験計画とデータの採取

ランダムな順序によって実験を実施し，表 3.5 のような飛行時間の実験データが得られたとします．

表 3.5 1つの制御因子を取り上げた場合の実験データ

因子の水準	2機ずつ作成
A_1	4.45, 4.71
A_2	3.04, 3.44
A_3	3.72, 4.17

実験データのグラフ化

ここで，データおよび各平均値をグラフにプロットして図 3.3 を作成します．図 3.3 を見ると，紙ヘリコプターの種類により母平均が異なっていそうです（因子 A の効果はありそうです）．また第 2 水準の飛行時間が短く，第 1 水準が長いようにも見えます．

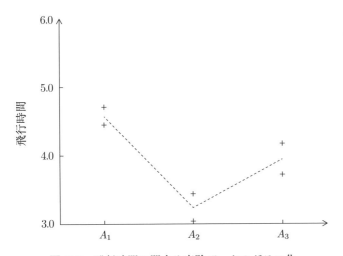

図 3.3 飛行時間に関する実験データのグラフ化

1つの因子の違いによって観測値（飛行時間）に差が生じるか否かを見る統計手法として，**1元配置分散分析** (one-way analysis of variance: ANOVA) が知られています．以下，具体的な解析方法を解説します．

■1元配置データの分散分析法—質的因子—

1元配置法では，因子 A を1つ選んで a 水準を設定し，それぞれの水準ごとに正規分布を仮定します．ここで A_i 水準に対応する特性値の母集団分布を正規分布 $N(\mu_i, \sigma^2)$ と仮定すると，A_i 水準で得られる j 番目のデータ y_{ij} は次のように表現することができます．

$$y_{ij} = \mu_i + \varepsilon_{ij}, \quad \varepsilon_{ij} \sim N(0, \sigma^2) \tag{3.1}$$
$$i = 1, 2, \ldots, a, \quad j = 1, 2, \ldots, n$$

ここで，未知母数である μ_i は水準 i における母平均です．

さらに，μ_i の一般平均を $\mu = (\sum_{i=1}^{a} \mu_i)/a$ とし，また一般平均 μ と A_i 水準の μ_i との差を $\alpha_i (= \mu_i - \mu)$ とします．ここで，α_i は**主効果** (main effect) と呼ばれています．これより，(3.1) 式は次のようなモデルで表現できます．

$$y_{ij} = \mu + \alpha_i + \varepsilon_{ij}, \quad \varepsilon_{ij} \sim N(0, \sigma^2) \tag{3.2}$$

$$制約式：\sum_{i=1}^{a} \alpha_i = 0 \tag{3.3}$$

例として，図3.4に3水準を設定した場合の分布の様子を示しています．(a) は3つの分布の母平均が同じ状況であることを示しており，(b) は3つの母平均が異なる状況であることを示しています．1元配置分散分析では，データ全体の変動を「水準の違いによる変動（処理間変動）」と「誤差による変動（処理内変動）」とに分解します．

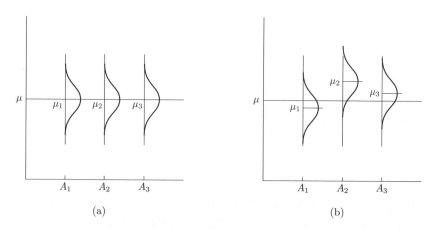

図 **3.4** 3水準を設定した場合の母集団分布の違い

ここでデータ全体の変動は，データ y_{ij} と総平均 $\bar{y}_{..}$ との差の平方和

$$S_T = \sum_{i=1}^{a} \sum_{j=1}^{n} (y_{ij} - \bar{y}_{..})^2 \tag{3.4}$$

によって表されます．この平方和は，**総平方和** S_T と呼ばれます．S_T は

$$S_T = \sum_{i=1}^{a} \sum_{j=1}^{n} (y_{ij} - \bar{y}_{..})^2 = \sum_{i=1}^{a} \sum_{j=1}^{n} (y_{ij} - \bar{y}_{i.})^2 + \sum_{i=1}^{a} \sum_{j=1}^{n} (\bar{y}_{i.} - \bar{y}_{..})^2$$

$$= S_e + S_A \tag{3.5}$$

に分解でき，これを**平方和の分解**といいます．また，第 1 項は**残差平方和**あるいは**処理内変動**，第 2 項は**処理間変動**と呼ばれます．処理間変動は，各水準の平均と総平均との違いを測っている量であり，水準の違いに起因するばらつきを表しています．

もし，因子の間に差がなければ，帰無仮説 H_0

$$H_0 : \mu_1 = \mu_2 = \cdots = \mu_a \quad (\text{因子 } A \text{ の効果はない}) \tag{3.6}$$

$$\Longleftrightarrow \quad H_0 : \alpha_1 = \alpha_2 = \cdots = \alpha_a = 0 \tag{3.7}$$

が成立します．一方，対立仮説 H_1 は「H_1:少なくとも 1 つの母平均が他の母平均と異なる」となります．この仮説の検定を行うために，2 種類の平方和 S_A と S_e について，それぞれの自由度 ϕ_A と ϕ_e で割った平均平方 V_A と V_e の比（$F_0 = V_A/V_e$ 値）を計算して比較します．これらは，表3.6のように**分散分析表**としてまとめられます[50]．

1 元配置の分散分析は，an 回の**完全無作為化実験**のもとで (3.1) 式を仮定し，「帰無仮説 H_0 が成立するとき，F_0 は自由度 (ϕ_A, ϕ_e) の F 分布に従う」という理論的性質に基づくものです．このとき，有意水準を設定し，

$$F_0 \geq F(\phi_A, \phi_e; 0.05) \tag{3.8}$$

ならば 5% 有意であるといいます．なお，「F 分布に従う確率変数が，観測された F 値より大きくなる確率が **p 値**として出力されている場合」には，これを目安としてください．p 値が 0.05 以下の場合には 5% 有意であることを意味します．

分散分析とはばらつきを分析する手法ではなく，「平均値の差があるかどうかを統計的に比較する手法」です．つまり平均値の差のみで行うのではなく，繰り返しの変動の大きさに基づいて処理条件の比較を相対的に行う手法です．

50) 平方和の分解は母集団分布の想定は必要なく，「記述統計学の枠組み」で行うことができます．一方，個々のデータが互いに独立に正規分布に従うとみなせるときには，統計的検定が適用可能となります．

表 3.6　1 元配置の分散分析表

要因	平方和	自由度	平均平方	F 値
A	S_A	ϕ_A	$V_A = S_A/\phi_A$	$F_0 = V_A/V_e$
e	S_e	ϕ_e	$V_e = S_e/\phi_e$	
T	S_T	ϕ_T		

51) 分散分析の前には，応答（特性）である実験データのヒストグラムや正規分位点プロットを描き，分布の正規性のチェックをしておくとよいでしょう.

【解析結果】　表 3.5 の 1 元配置データについては，飛行時間を特性値としたときの分散分析表を表 3.7 のようにまとめることができます[51]．分散分析表における p 値を見ると 5% 有意です．これより，「いずれかの水準における飛行時間の母平均は他の母平均と異なっている」と判断できます．点推定値において，飛行時間が長くなっている水準は A_1 です．その点推定値は $\hat{\mu}(A_1) = 4.58$ であり，95% 信頼区間は $(3.98, 5.18)$ で与えられます．　　　　□

表 3.7　飛行時間に対する分散分析表

要因	平方和	自由度	平均平方	F 値	p 値
A	1.797	2	0.899	12.536	0.0349
e	0.215	3	0.072		
T	2.012	5			

--- JMP を用いた解析（1 元配置の分散分析）---

- **実験の計画**：メニューにある [実験計画 (DOE)] を選択して，[古典的な計画] → [完全実施要因計画] をクリックします.
- **応答**：「応答名」を [飛行時間] とし，目標は [最大化] を選択します.
- **因子**：「カテゴリカル」を選択し，[3 水準] をクリックします.「名前」を [羽の幅] とし，「値」にそれぞれ A_1, A_2, A_3 と入力します.
- 「因子の指定」の [続行] ボタンを押すと，要因計画の「出力オプション」が表示されます．ここで，実験の順序：[左から右へ並び替え] としておきます．通常は [ランダム化] を選択し，実験順序をランダム化します．中心点の数：[0]，反復の回数：[1] と入力し，[テーブルの作成] ボタンを押すとデータテーブルが表示されるので，そこにデータを入力します.
- **分散分析**：[分析] → [モデルのあてはめ] をクリックすると「モデルのあてはめ」のダイアログが表示されます．その中の [実行] ボタンを押すと，図 3.5 のように 1 元配置の分散分析表などが表示されます.
- **点推定値および 95% 信頼区間**：「応答 飛行時間」の横の赤いボタン ▽ を押し，[因子プロファイル] → [プロファイル] を選択すると，「予測プロファイル」が表示されます．さらに，「予測プロファイル」の横の赤いボタン ▽ をクリックし，[最適化と満足度] → [満足度の最大化] を選択すると，最適条件である A_1 の推定値が表示されます.

【補足】 本事例では，制御因子を質的因子として分散分析を行いました．分散分析では，水準間に違いがある（有意）かどうかは判定できますが，どのような関係性があるかまではわかりません．図3.3を見ると，「下に凸な2次曲線」になっていそうです．2次曲線をあてはめれば，その2次曲線に基づき，飛行時間が最小となる水準値を求めることができます．本書では，第6章で制御因子を量的因子とした場合の応答曲面解析を解説します．

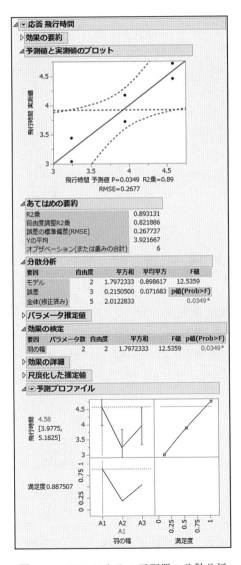

図 3.5　JMP による1元配置の分散分析

3.3 2元配置法―分散分析と交互作用―

■紙ヘリコプター実験（2因子の場合）

前節と同様に，紙ヘリコプターを題材にします．本節では2つの制御因子を扱った分散分析を説明します．ここでは，「羽の幅」と「羽の長さ」（図3.6）という2つの制御因子が飛行時間に与える効果を考えます．

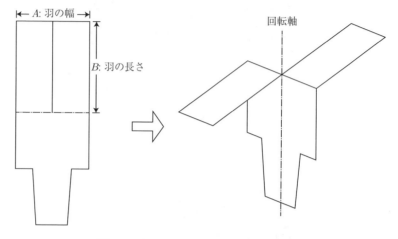

図3.6 紙ヘリコプター（2因子の場合）

本実験では，紙ヘリコプターの飛行時間を長くする条件を探すため，制御因子 A として羽の幅，制御因子 B として羽の長さをそれぞれ3水準に設定した，2元配置実験を行います．全部で $3 \times 3 = 9$ 通りの組み合わせでそれぞれ2機ずつ作成し，各機を1回ずつ飛行させて飛行時間を計測します．実験順序は，計18機の紙ヘリコプター全体でランダムに決めます．

【補足】 実験を行うときに制御因子の水準を幅広く設定すれば，その効果が大きくなりやすく（有意になりやすく）なりますが，一方で単純なモデルでは記述できなくなってしまいます[52]．因子の効果は，「○○という因子を取り上げて△△という水準幅で実験を行ったとき，統計的にその因子は応答に影響があった」と解釈すべきです．どの因子を取り上げるか，因子の水準をどれぐらいの幅にするかが決まれば，得られたデータを解析するには統計ソフトを用いればよいでしょう．技術者は，「どの因子を取り上げるか」「各因子の水準をどのように設定するか」など，実験の計画に時間をかけるべきです．

---

52) 因子の水準幅が狭ければ線形効果のみで記述できますが，極端に狭い場合には実験自体意味がなくなります．このとき，数理的に水準幅をどの程度とればよいのかという一般的な解はありません．

本事例では次のように，制御因子を2因子3水準としています．ただし前節と同様に，制御因子をいずれも質的因子として解析を行っています．

A：羽の幅　　$A_1:○,\quad A_2:△,\quad A_3:□$ [cm]
B：羽の長さ　$B_1:○',\quad B_2:△',\quad B_3:□'$ [cm]

実験計画とデータの採取

ランダムな実験順序により2元配置実験を実施し，表3.8のような飛行時間データが得られたとします．

表 **3.8**　2つの制御因子を取り上げた場合の実験データ（宮川 (2006)，p.36）

	B_1	B_2	B_3
A_1	3.62, 4.01	4.45, 4.71	4.44, 4.52
A_2	3.71, 3.54	3.04, 3.44	4.04, 4.30
A_3	4.34, 4.52	3.72, 4.17	5.56, 5.43

実験データのグラフ化

データおよび各平均値をグラフにプロットして，図3.7を作成します．図を見ると，異常値はなさそうです．最も飛行時間が長いのは A_3B_3 の組み合わせであることも推察されます．また，平行性が崩れており，交互作用はありそうです．

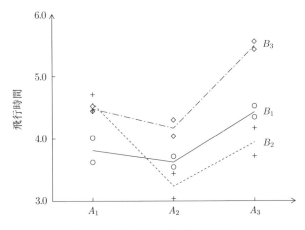

図 **3.7**　データと平均値のグラフ

■交互作用とは

次のような例を考えてみましょう．2つの因子 A（2水準）と B（3水準）を取り上げます．まず，B_1 水準に固定し，A については2水準を設定して1元配置を行った結果，有意になって A_1 水準がよいとわかったとします．次に A_1 水準に固定し，B については3水準を設定して1元配置法を行った結果，やはり有意となり，B_2 水準がよいことがわかったとします．このとき困るのが，これらを組み合わせた A_1B_2 という最適条件が正しくないときです．

それは，図 3.8 (b) のように B_3 水準において，A の水準を変えたときのパターンが B_1, B_2 の水準と異なっているような場合です．このとき，A と B には**交互作用** $A \times B$ (interaction) があると言います．

一方，図 3.8 (a) は，交互作用が存在しない場合の例です．因子 A の水準を変えたときのパターンが因子 B のどの水準に対しても同じであり，実際，母平均を結んだ2本のグラフは平行になっています．

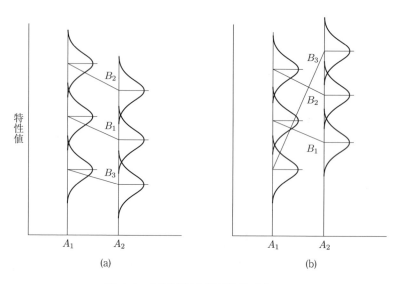

図 3.8　2因子間の交互作用パターン

実験データ解析の第一歩は，データのグラフ化です．しかし，明らかに平行な場合には"交互作用は無し"と判定できますが，"どちらともいえない"という状況も存在します．そこで，誤差を認めたうえで相対評価を客観的に行うためのツールが，**2元配置分散分析** (two-way ANOVA) です．

■ 2元配置データの分散分析法—質的因子—

2元配置法では，$A_i B_j$ 水準に対応する特性値の分布に正規分布 $N(\mu_{ij}, \sigma^2)$ を仮定します．1元配置法と同様に，y_{ijk} は次のように表現されます．

$$y_{ijk} = \mu_{ij} + \varepsilon_{ijk}, \quad \varepsilon_{ijk} \sim N(0, \sigma^2) \tag{3.9}$$

$$i = 1, 2, \ldots, a, \quad j = 1, 2, \ldots, b, \quad k = 1, 2, \ldots, n$$

(3.9) 式における μ_{ij} を各効果の和として表現すると，次式のようになります．

$$y_{ijk} = \mu + \alpha_i + \beta_j + (\alpha\beta)_{ij} + \varepsilon_{ijk}, \quad \varepsilon_{ijk} \sim N(0, \sigma^2) \tag{3.10}$$

$$制約式：\sum_{i=1}^{a} \alpha_i = \sum_{j=1}^{b} \beta_j = \sum_{i=1}^{a} (\alpha\beta)_{ij} = \sum_{j=1}^{b} (\alpha\beta)_{ij} = 0 \tag{3.11}$$

ここで μ は一般平均であり，ab 個の μ_{ij} の平均を表します．また，α_i と β_j は因子 A と B の主効果，$(\alpha\beta)_{ij}$ は交互作用 $A \times B$ の効果を表します．

データ全体の変動を，データ y_{ijk} と総平均 $\bar{y}_{...}$ との差の平方和

$$S_T = \sum_{i=1}^{a} \sum_{j=1}^{b} \sum_{k=1}^{n} (y_{ijk} - \bar{y}_{...})^2 \tag{3.12}$$

と定義します．この総平方和 S_T は，次のように分解できます．

$$
\begin{aligned}
S_T &= \sum_{i=1}^{a} \sum_{j=1}^{b} \sum_{k=1}^{n} (y_{ijk} - \bar{y}_{...})^2 \\
&= \sum_{i=1}^{a} \sum_{j=1}^{b} \sum_{k=1}^{n} (y_{ijk} - \bar{y}_{ij.})^2 + nb \sum_{i=1}^{a} (\bar{y}_{i..} - \bar{y}_{...})^2 \\
&\quad + na \sum_{j=1}^{b} (\bar{y}_{.j.} - \bar{y}_{...})^2 + n \sum_{i=1}^{a} \sum_{j=1}^{b} (\bar{y}_{ij.} - \bar{y}_{i..} - \bar{y}_{.j.} + \bar{y}_{...})^2 \\
&= S_e + S_A + S_B + S_{A \times B} \tag{3.13}
\end{aligned}
$$

ここで $S_{A \times B}$ は，A と B それぞれ単独では説明できない A と B の組み合わせ効果を表す成分で，**交互作用平方和**と呼ばれています．なお，データに繰り返しがある場合には，交互作用と誤差を分離することができます．一方，繰り返しがない場合には，これらを区別できません．このように平方和を対応する2つの平方和に分解できないことを，「交互作用と誤差とが**交絡**する」といいます．

繰り返しのある 2 元配置法で，検定の対象となる帰無仮説は以下の 3 つです．

$$H_0 : \alpha_1 = \alpha_2 = \cdots = \alpha_a = 0 \quad (A \text{ の主効果はない})$$

$$H_0 : \beta_1 = \beta_2 = \cdots = \beta_b = 0 \quad (B \text{ の主効果はない})$$

$$H_0 : (\alpha\beta)_{11} = (\alpha\beta)_{12} = \cdots = (\alpha\beta)_{ab} = 0 \quad (A \times B \text{ の効果はない})$$

これらの仮説の検定を行うために，繰り返しのある 2 元配置データの場合にも 1 元配置データと同様に，各平方和 $S_A, S_B, S_{A \times B}$ と S_e をそれぞれの自由度で割った平均平方の比（F 値）を計算して比較します．これらは，表 3.9 のように分散分析表としてまとめられます．

表 3.9 2 元配置の分散分析表

要因	平方和	自由度	平均平方	F 値
A	S_A	ϕ_A	$V_A = S_A/\phi_A$	V_A/V_e
B	S_B	ϕ_B	$V_B = S_B/\phi_B$	V_B/V_e
$A \times B$	$S_{A \times B}$	$\phi_{A \times B}$	$V_{A \times B} = S_{A \times B}/\phi_{A \times B}$	$V_{A \times B}/V_e$
e	S_e	ϕ_e	$V_e = S_e/\phi_e$	
T	S_T	ϕ_T		

【解析結果】 表 3.8 の実験データに対する分散分析表は上記の平方和より得られ，表 3.10 に示すものになります．主効果 A, B および交互作用 $A \times B$ は高度に有意です．ここで最適水準は $A_3 B_3$ となり，その点推定値および 95% 信頼区間は，それぞれ $\hat{\mu}(A_3 B_3) = 5.495, (5.172, 5.818)$ となります． □

表 3.10 2 元配置の分散分析表

要因	平方和	自由度	平均平方	F 値	p 値
A	2.758	2	1.379	33.80	$< .0001$
B	2.411	2	1.206	29.55	0.0001
$A \times B$	1.668	4	0.417	10.22	0.0021
e	0.367	9	0.041		
T	7.205	17			

―――― JMP を用いた解析（2 元配置の分散分析）――――

- **実験の計画**：メニューにある [実験計画 (DOE)] を選択して，[古典的な計画] → [完全実施要因計画] をクリックします．
- **応答**：「応答名」を [飛行時間] とし，目標は [最大化] を選択します．
- **因子 A**：「カテゴリカル」を選択し，[3 水準] を押します．「名前」を [羽の幅] とし，「値」にそれぞれ A_1, A_2, A_3 と入力します．
- **因子 B**：「カテゴリカル」を選択し，[3 水準] を押します．「名前」を [羽の長さ] とし，「値」にそれぞれ B_1, B_2, B_3 と入力とします．一般に羽の幅や長さは量的因子（連続変数）ですが，いずれも質的変数として扱っています．
- 「因子の指定」の [続行] ボタンを押すと，3×3 要因計画の「出力オプション」が表示されます．実験の順序は [左から右へ並べ替え] としておきます．中心点の数：[0]，反復の回数：[1]（繰り返しは 2 回）とし，[テーブルの作成] ボタンを押すとデータテーブルが表示されるので，そこにデータを入力します．
- **分散分析**：メニューにある [分析] → [モデルのあてはめ] を押すと，「モデルのあてはめ」のダイアログが表示されるので，その中の [実行] ボタンをクリックすると，図 3.9 のように 2 元配置の分散分析表などが表示されます．図の「効果の検定」と「分散分析」を組み合わせることによって，表 3.10 と同様の分散分析表を作成することができます．
- **交互作用プロット**：「応答 飛行時間」の横の赤いボタン ▽ を押し，[因子プロファイル] → [交互作用プロット] を選択すると，「交互作用プロファイル」が表示されます．
- **点推定値および 95% 信頼区間**：「応答 飛行時間」の横の赤いボタン ▽ を押し，[因子プロファイル] → [プロファイル] を選択すると，「予測プロファイル」が表示されます．さらに，「予測プロファイル」の横の赤いボタン ▽ をクリックし，[最適化と満足度] → [満足度の最大化] を選択すると，最適条件である A_3B_3 の推定値が表示されます．

【補足】 本事例では前節と同様に，制御因子を質的因子として扱い，分散分析を行っています．一方，羽の幅 x_A および羽の長さ x_B を量的因子とした場合には，

$$Y = a_0 + a_{1A}x_A + a_{1B}x_B + a_{2A}x_A^2 + a_{2B}x_B^2 + a_{A \times B}x_A x_B + \varepsilon$$

という重回帰モデルが想定できます．ここでは分散分析表より交互作用が確認されたので，交互作用を含むモデルを仮定しています．このように因子が量的因子ならば，2 つの因子に関する等高線グラフを描くことにより交互作用を確認し，さらに重回帰分析を用いたより詳しい解析を行いましょう．なお，重回帰分析は 4.4 節で詳しく解説します．

3　実験計画法の基礎—分散分析—

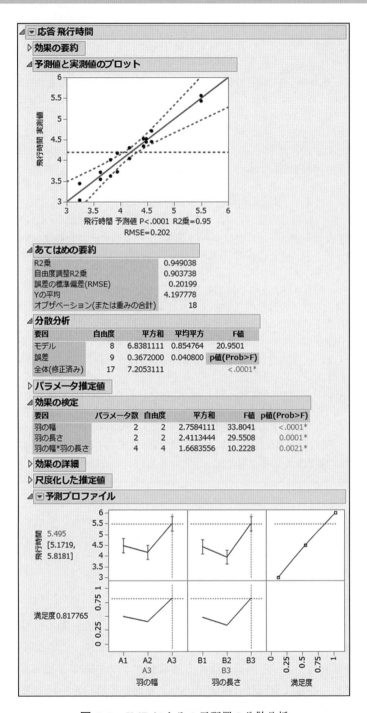

図 3.9　JMP による 2 元配置の分散分析

3.4 3元配置法—分散分析とロバスト設計の考え方—

■紙ヘリコプター実験（3因子の場合）

本節では紙ヘリコプター実験を題材に，2因子間の交互作用解析によるロバスト設計の考え方を説明します．実験の目的は，飛行時間を長くし，ロット間のばらつきを低減する条件を探索することです．本事例では，制御因子として

A：羽の幅　　$A_1 : \bigcirc,$　　$A_2 : \triangle,$　　　$A_3 : \square$ [cm]
B：羽の長さ　$B_1 : \bigcirc',$　$B_2 : \triangle'$[cm]

の2因子を取り上げています．現行条件は，いずれも第1水準です．また，工場からランダムに3ロットを選び，これらを3水準の**誤差因子** (noise factor)Nとしています[53]．

> 53) ロット N は，伝統的実験計画法では**変量因子**として扱われるものですが，ここでは誤差因子とみなしています．

実験計画とデータの採取

$3 \times 2 \times 3 = 18$ 通りの完全無作為化実験を行い，表 3.11 のようなデータが得られたとします．この実験は，2つの制御因子を2元配置で割り付け，誤差因子を外側に直積で割り付けた3元配置のデータセットとみなせます[54]．

> 54) 本事例では，2つの制御因子と1つの誤差因子を取り上げた3元配置実験です．このような要因実験の場合には，すべての因子が外側に配置することが可能なので，第7章で述べる内側配置あるいは外側配置という区別はありません．ただし，3.5 節の直交実験の場合には，配置の点で両者を明確に区別する必要があります．

表 3.11 完全無作為化された3因子実験データ

		N_1	N_2	N_3
A_1	B_1	4.00	3.27	3.48
	B_2	3.81	3.46	3.26
A_2	B_1	3.68	3.75	3.79
	B_2	3.41	3.42	3.26
A_3	B_1	3.26	3.07	3.77
	B_2	3.03	3.01	3.92

実験データのグラフ化

実験データ解析の第一歩は，データのグラフ化です．そこで図 3.10 のように，誤差因子の水準別に実験 No. ごとのグラフを描きます．ただし，グラフの横軸において，No.1 は A_1B_1，No.2 は A_1B_2，最後に No.6 は A_3B_2 というように，表 3.11 の上から順に実験 No. を対応させています．図 3.10 を見ると，誤差因子の水準間のばらつきが小さいのは No.3 と 4 であり，そのうち平均が高いのは No.3 (A_2B_1) であることがわかります．

このようなグラフを描くことにより，高度な解析手法を用いなくても，最適条件は No.3 の条件の A_2B_1 であるというように，ある程度検討することができます．

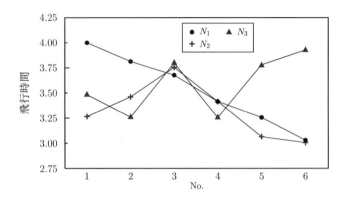

図 3.10 飛行時間に関する実験データのグラフ

次にグラフ化で重要なのは，各因子の交互作用パターンを作成することです．そこで，まずは分散分析によって交互作用の有意性を判定してみましょう．その結果を表 3.12 に示します．

【解析結果】 表 3.12 を見ると，制御因子の主効果に対してどちらも 5%有意ではありません．また，制御因子間の交互作用も有意ではありません．一方，誤差因子 N と制御因子 A の交互作用 $N \times A$ は，5%有意であると確認できます． □

表 3.12 飛行時間に対する分散分析表

要因	平方和	自由度	平均平方	F 値	p 値
A	0.170	2	0.085	4.021	0.110
B	0.123	1	0.123	5.851	0.073
$A \times B$	0.101	2	0.050	2.391	0.208
N	0.211	2	0.106	5.005	0.082
$N \times A$	0.944	4	0.236	11.195	0.019
$N \times B$	0.023	2	0.012	0.538	0.621
e	0.084	4	0.021		
T	1.656	17			

3.4 3元配置法—分散分析とロバスト設計の考え方—

■制御因子と誤差因子の交互作用のパターン

因子 A と因子 N の交互作用を見てみましょう．因子 A は制御因子で，因子 N は誤差因子なので，図 3.11 のように誤差因子 N を横軸にとって，交互作用 (control-by-noise interaction) のパターンを観察します．図を見ると，A_2 にすれば N の影響がほとんどなくなっていることがわかります[55]．

55) この例は，「誤差要因がばらついたとしても，制御因子をうまく水準選択することで特性のばらつきを抑えられる」というロバスト設計の考え方そのものです．

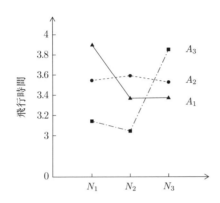

図 3.11　制御因子と誤差因子の交互作用パターン

JMP を用いた解析（3元配置の分散分析）

- **実験の計画**：メニューにある [実験計画 (DOE)] を選択して，[古典的な計画] → [完全実施要因計画] をクリックすると，ダイアログが表示されます．
- **応答**：「応答名」を [飛行時間] とし，目標は [最大化] を選択します．
- **因子 A**：「カテゴリカル」を選択し，[3 水準] を押します．「名前」を [羽の幅] とし，「値」にそれぞれ A_1, A_2, A_3 と入力します．
- **因子 B**：「カテゴリカル」を選択し，[2 水準] を押します．「名前」を [羽の長さ] とし，「値」にそれぞれ B_1, B_2 と入力とします．一般に，羽の幅や羽の長さは量的因子（連続変数）ですが，いずれも質的変数として扱っています．
- **因子 N**：「カテゴリカル」を選択し，[3 水準] を押します．「名前」を [ロット] とし，「値」にそれぞれ N_1, N_2, N_3 と入力とします．
- 「因子の指定」の [続行] ボタンをクリックすると，$3 \times 2 \times 3$ 要因計画の「出力オプション」が表示されます．ここで実験の順序は [左から右へ並び替え] としておきます．中心点の数：[0]，反復の回数：[0]（繰り返しなし）と入力し，[テーブルの作成] ボタンをクリックすると，データセットが表示されます．
- **分散分析**：[分析] → [モデルのあてはめ] をクリックすると，「モデルのあてはめ」のダイアログが表示されます．その中の [実行] ボタンを押すと，図 3.12 のように分散分析表などが表示されます．図の「効果の検定」と「分散分析」を組み合わせることによって，表 3.12 と同様の分散分析表を作成できます．

3 実験計画法の基礎—分散分析—

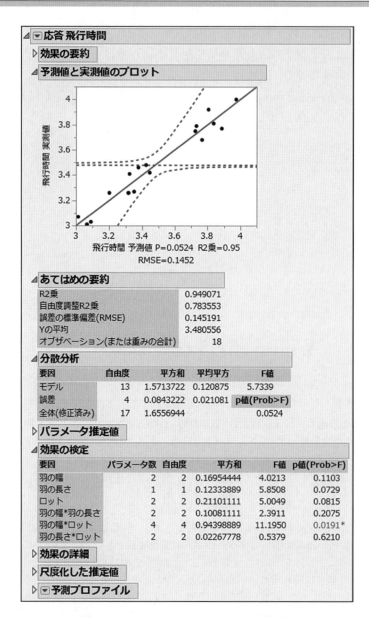

図 3.12 JMP による 3 元配置の分散分析

3.5 直交表実験—分散分析と回帰分析—

■ホテリングの秤量計画

1因子実験より多因子実験のほうが効率的に情報を収集できることを示したのは，実験計画法の創始者であり，統計学において最も偉大な人物であるR.A. Fisher です．

1950年代以降，多くの制御因子を一度に検討するためには，直交表が活用されてきました．直交計画 (orthogonal design) は数理的な性質として，1回の実験から制御因子の効果に関する情報を最大限に得ることができます．

ここでは，直交表のアイデアを 秤 量 計画によって説明します．推定精度が最もよい秤量計画は，Hotelling が1944年の論文で示したもので，現在ではホテリングの秤量計画などと呼ばれています．

例えば，4個のおもり $\mu_i, i = 1, 2, 3, 4$ の重さを，上皿天秤を4回使って計測するにはどうすればよいでしょうか．1因子実験では，次のようにそれぞれの重さを1回ずつ測定します．

$$
\begin{aligned}
y_1 &= \mu_1 + \varepsilon_1 \\
y_2 &= \mu_2 + \varepsilon_2 \\
y_3 &= \mu_3 + \varepsilon_3 \\
y_4 &= \mu_4 + \varepsilon_4
\end{aligned}
\tag{3.14}
$$

ここで $E[\varepsilon_i] = 0$, $\mathrm{Var}[\varepsilon_i] = \sigma^2$ とし，$\varepsilon_1, \varepsilon_2, \varepsilon_3, \varepsilon_4$ は互いに独立であると仮定しておきます．このとき，4個のおもりの重さの測定誤差も σ^2 となります．

これに対して直交表実験の活用は，この問題に対して次のような4回の測定を行ったことに相当します．

$$
\begin{aligned}
y_1 &= \mu_1 + \mu_2 + \mu_3 + \mu_4 + \varepsilon_1 \\
y_2 &= \mu_1 + \mu_2 - \mu_3 - \mu_4 + \varepsilon_2 \\
y_3 &= \mu_1 - \mu_2 + \mu_3 - \mu_4 + \varepsilon_3 \\
y_4 &= \mu_1 - \mu_2 - \mu_3 + \mu_4 + \varepsilon_4
\end{aligned}
\tag{3.15}
$$

ここで，＋となっている場合には天秤の右側におもりを，－となっている場合には左側におもりを載せて，右と左の重量差を測定していると考えるとよいでしょう．

このとき $\mu_i,\, i = 1, 2, 3, 4$ の重さの推定値は

$$\widehat{\mu}_1 = (y_1 + y_2 + y_3 + y_4)/4$$
$$\widehat{\mu}_2 = (y_1 + y_2 - y_3 - y_4)/4$$
$$\widehat{\mu}_3 = (y_1 - y_2 + y_3 - y_4)/4 \tag{3.16}$$
$$\widehat{\mu}_4 = (y_1 - y_2 - y_3 + y_4)/4$$

となり，いずれも不偏推定量です．1.7 節で述べた**分散の加法性**により，この推定値の分散 (誤差分散) は $\sigma^2/4$ となります[56]．

(3.16) 式をベクトルと行列で表現すると

$$
\begin{pmatrix} y_1 \\ y_2 \\ y_3 \\ y_4 \end{pmatrix}
=
\begin{pmatrix} 1 & 1 & 1 & 1 \\ 1 & 1 & -1 & -1 \\ 1 & -1 & 1 & -1 \\ 1 & -1 & -1 & 1 \end{pmatrix}
\begin{pmatrix} \mu_1 \\ \mu_2 \\ \mu_3 \\ \mu_4 \end{pmatrix}
+
\begin{pmatrix} \varepsilon_1 \\ \varepsilon_2 \\ \varepsilon_3 \\ \varepsilon_4 \end{pmatrix}
\tag{3.17}
$$

となります．右辺の**計画行列** (4×4) は**アダマール行列**と呼ばれ，次のような特徴があることが知られています．

- すべての要素は 1 または -1 である．
- 各列ベクトルは互いに直交している．

このアダマール行列から第 1 列を除き，-1 を 2 に置き換えると，表 3.13 に示す 2 水準の L_4 直交表となり，数理的には同等になります[57]．

表 3.13 L_4 直交表

No.	1	2	3
1	1	1	1
2	1	2	2
3	2	1	2
4	2	2	1

一般に n が 4 の倍数のとき，アダマール行列を用いて直交表を作成することができます．このとき，n 回の測定で n 個のおもりの重さは，分散 σ^2/n で推定されます．実は，n 回の測定で分散が σ^2/n よりも小さくなるような計画は存在しません．これらは**ホテリングの定理**として知られています．

[56] これは，4 回分の測定を繰り返すと同等の誤差となります．またこの実験では，1 因子実験なら 16 回かかるところを 4 回で実現していることがわかります．

[57] このとき，天秤の右側におもりを置くのは第 1 水準での実験，左側に置くのは第 2 水準での実験を意味します．

多くの要因を同時に取り上げると実験の組み合わせ数は膨大となり，それらをすべて実験することは不可能です．そこで，効率的に情報を得るために用いられるのが**直交表実験**です．ここでは，紙ヘリコプター実験の例を用いて，2水準系の直交実験の解析方法を具体的に説明します．

【例】紙ヘリコプター実験—2水準系の直交表実験—

本事例では，紙ヘリコプターの制御因子の数を増やし，飛行時間をより長くするための要因を探します．ここでは図3.13のように，図3.6における制御因子の他に2因子（因子 C：全長，因子 D：軸の幅）を追加し，その中から効果のある要因を見つけ出して最適化を行います．

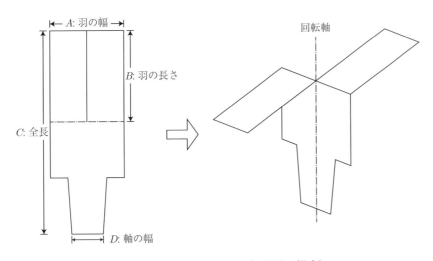

図 3.13　紙ヘリコプター（4因子の場合）

紙ヘリコプターの制御因子は，次のように4因子各2水準としています．制御因子がいずれも2水準で4因子であるため，表3.14のようにこれらを L_8 直交表に割り付けます．これより，制御因子が規定する実験 No. においてランダムな順序で実験を行い，合計8個の実験データを採取します．

A：羽の幅　　A_1：○，A_2：△ [cm]
B：羽の長さ　B_1：○，B_2：△ [cm]
C：全長　　　C_1：○，C_2：△ [cm]
D：軸の幅　　D_1：○，D_2：△ [cm]

実験計画とデータの採取

ランダムな実験順序により実験を実施し，飛行時間の実験データの結果は表 3.14 のようになりました．

表 3.14 L_8 直交表への因子の割り付けと実験データ

No.	A	B		C			D	飛行時間
	1	2	3	4	5	6	7	
1	1	1	1	1	1	1	1	3.56
2	1	1	1	2	2	2	2	3.62
3	1	2	2	1	1	2	2	3.84
4	1	2	2	2	2	1	1	3.91
5	2	1	2	1	2	1	2	3.61
6	2	1	2	2	1	2	1	3.92
7	2	2	1	1	2	2	1	4.21
8	2	2	1	2	1	1	2	4.33

表 3.14 の制御因子で規定される各行は 1 つの実験に対応しており，因子 A, B, C, D の下にある 1, 2 は各実験がどの因子の水準組み合わせで行われるかを示しています．例えば No.3 の場合，水準組み合わせは $A_1 B_2 C_1 D_2$ となります．また，どの列も 1 と 2 の数字が同数回ずつ現れ，任意に 2 列を選んだときに (1,1), (1,2), (2,1), (2,2) も同数回ずつ現れるという特徴があります．

L_8 直交表において第 1 列に A，第 2 列に B を割り付けた場合，その 2 因子交互作用 $A \times B$ は第 3 列に現れます．仮に第 3 列に制御因子 C を割り付けるとすると，C の主効果と交互作用 $A \times B$ は完全に**交絡**してしまいます[58]．

表 3.14 のように制御因子の割り付けを決めると，8 回の実験をどのような水準組み合わせで行えばよいかがわかります．ただし，8 回の実験はランダムにしておきます．この実験は 4 因子 2 水準なので，すべての組み合わせで実験を行うと $2^4 = 16$ 通りになります．これに対して，実際に行われた実験回数は 8 回なので，**一部実施計画**とも呼ばれます．

L_8 直交表は，2 水準系の**素数べき直交表**とも呼ばれています．これは行数が素数である 2 のべき乗となっている直交表のことで，L_8 の他に L_{16}，L_{32} なども知られています．また行数が 3 のべき乗になるものとして，L_9，L_{27} などが知られています．ロバスト設計で推奨されている**混合系直交表** (mixed-level orthogonal arrays) L_{18} などのように，行数を素因数分解したときに複数の素数が現れるものは，**非素数べき直交表**と呼ばれています．

---

[58] L_8 直交表に限らず 2 水準系素数べき直交表では，2 因子間の交互作用が特定の 1 列のみにすべて現れ，他の列には現れないという性質をもっています．

■2 水準系の直交表実験の分散分析法—質的因子—

2 水準系の直交実験の主効果に対する統計モデル（構造模型）は，次のようになります．

$$y_1 = \mu + a_1 + b_1 + c_1 + d_1 + \varepsilon_1$$
$$y_2 = \mu + a_1 + b_1 + c_2 + d_2 + \varepsilon_2$$
$$y_3 = \mu + a_1 + b_2 + c_1 + d_2 + \varepsilon_3$$
$$y_4 = \mu + a_1 + b_2 + c_2 + d_1 + \varepsilon_4$$
$$y_5 = \mu + a_2 + b_1 + c_1 + d_2 + \varepsilon_5 \qquad (3.18)$$
$$y_6 = \mu + a_2 + b_1 + c_2 + d_1 + \varepsilon_6$$
$$y_7 = \mu + a_2 + b_2 + c_1 + d_1 + \varepsilon_7$$
$$y_8 = \mu + a_2 + b_2 + c_2 + d_2 + \varepsilon_8$$

ただし，制約式は

$$\sum_{i=1}^{2} a_i = 0, \quad \sum_{j=1}^{2} b_j = 0, \quad \sum_{k=1}^{2} c_k = 0, \quad \sum_{l=1}^{2} d_l = 0$$

で与えられます．また，実験誤差 $\varepsilon_i, i = 1, 2, \ldots, 8$ は互いに独立に $N(0, \sigma^2)$ であるとします．

(3.18) 式に基づいて，例えば A_i 水準，$i = 1, 2$ で行われた 4 個のデータの合計 $\sum A_i$ を求めてみましょう．まず，A_1 水準のデータの和 $\sum A_1$ は，

$$\sum A_1 = y_1 + y_2 + y_3 + y_4 = 4(\mu + a_1) + \varepsilon_1 + \varepsilon_2 + \varepsilon_3 + \varepsilon_4$$

で与えられます．同様に A_2 水準のデータの和 $\sum A_2$ は，

$$\sum A_2 = y_5 + y_6 + y_7 + y_8 = 4(\mu + a_2) + \varepsilon_5 + \varepsilon_6 + \varepsilon_7 + \varepsilon_8$$

となります．ここで，因子 A を除く他の因子 B, C, D の効果が相殺されていることに注意してください．

これより，因子 A, B, C, D に関する平方和を計算できます．なお，直交表実験の場合には，全体の平方和 S_T は

$$S_T = S_A + S_B + S_C + S_D + S_e$$

のように，因子ごとに分解されます．

各2水準の因子の平方和の計算は，次のように行います．例えば，平方和 S_A は，

$$S_A = \frac{\left(\sum A_1\right)^2}{A_1\text{でのデータの個数}} + \frac{\left(\sum A_2\right)^2}{A_2\text{でのデータの個数}} - \text{CT}$$

と計算できます．ここで CT (correction term) は**修正項**と呼ばれるもので，CT= (全データの和)^2/全データの個数 です．なお，自由度 ϕ_A の因子 A は 2 水準なので，$\phi_A = 2 - 1 = 1$ です．

残差平方和は総平方和を S_T として，

$$S_e = S_T - (\text{要因平方和の合計})$$

で求められます．これは，割り付けられていない要因の列の平方和の合計に等しくなります．これより，表3.15のような分散分析表にまとめられます．

表 3.15 直交表実験に対する分散分析表

要因	平方和	自由度	平均平方	F 値
A	S_A	ϕ_A	$V_A = S_A/\phi_A$	V_A/V_e
B	S_B	ϕ_B	$V_B = S_B/\phi_B$	V_B/V_e
C	S_C	ϕ_C	$V_C = S_C/\phi_C$	V_C/V_e
D	S_D	ϕ_D	$V_D = S_D/\phi_D$	V_D/V_e
e	S_e	ϕ_e	$V_e = S_e/\phi_e$	
T	S_T	ϕ_T		

【解析結果】 表3.14の実験データに対する分散分析表は，表3.16に示すものになります．また，図3.14より最適水準は $A_2B_2C_2D_1$ となり，その点推定値および95%信頼区間は，それぞれ $\widehat{\mu}(A_2B_2C_2D_1) = 4.31$, $(4.02, 4.60)$ で与えられます． □

表 3.16 直交表実験に対する分散分析表

要因	平方和	自由度	平均平方	F 値	p 値
A	0.162	1	0.162	12.34	0.039
B	0.312	1	0.312	23.70	0.017
C	0.039	1	0.039	2.98	0.183
D	0.005	1	0.005	0.38	0.581
e	0.040	3	0.013		
T	0.558	7			

3.5 直交表実験—分散分析と回帰分析—　　69

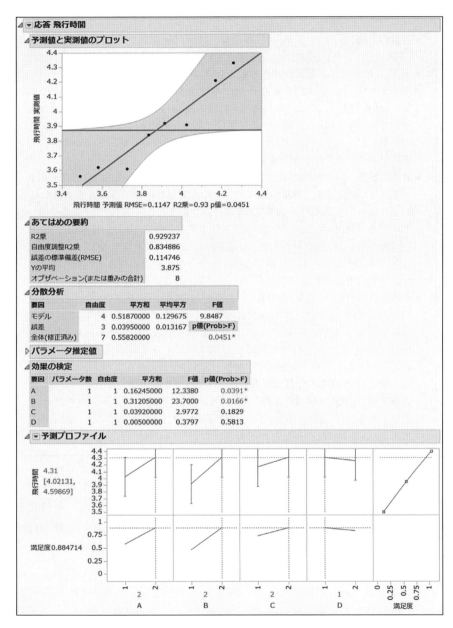

図 3.14　JMP による直交表実験の分散分析

JMP を用いた解析（直交実験の分散分析）

- **実験の計画**：メニューにある [実験計画 (DOE)] を選択して [古典的な計画] → [スクリーニング計画] のボタンをクリックすると，ダイアログが表示されます．
- **応答**：「応答名」を [飛行時間] とし，目標は [最大化] を選択します．
- **因子と水準**：「N 個の因子を追加」に [4] を入力の後，「カテゴリカル」で [2 水準] を選択します．これらの制御因子は量的因子 (連続変数) ですが，いずれも質的変数として扱っています．因子名は「名前」を上から A, B, C, D とし，その「値」にそれぞれ [1], [2] と入力します．これで良ければ，「因子の指定」の [続行] ボタンをクリックします．
- **計画の種類**：[一部実施要因計画の一覧から選択] を選択したあと，[続行] ボタンをクリックします．計画のリストから実験の数を 8，ブロックサイズはなし，レゾリューション 4 の「一部実施要因計画」を選択し，[続行] ボタンをクリックすると，「出力オプション」が表示されます．ここで，実験の順序は [左から右へ並び替え] としておきます．反復の回数に [0]（繰り返しなし）と入力し，[テーブルの作成] ボタンを押すとデータテーブルが表示されるので，そこにデータを入力します．
- **分散分析**：メニューにある [分析] → [モデルのあてはめ] をクリックすると，「モデルのあてはめ」のダイアログが表示されるので，ここでは主効果 A, B, C, D のみを選択し（デフォルトでは交互作用が選択されているため外してください），[実行] ボタンを押すと，図 3.14 のように直交実験の分散分析表などが表示されます．図の「効果の検定」と「分散分析」を組み合わせることによって，表 3.16 と同様の分散分析表を作成することができます．
- **点推定値および 95％信頼区間**：「予測プロファイル」の横の赤いボタン ▽ をクリックし，[最適化と満足度] → [満足度の最大化] を選択すると，最適条件である $A_2 B_2 C_2 D_1$ の推定値が表示されます．

　田口玄一博士 (1924–2012) は 1940 年代以降，わが国の工業製品の品質向上のために，**実験計画法**の普及活動に取り組んできました．特に，特性に影響を与える因子を 1 つだけ取り上げるのではなく，多くの因子の水準を同時に扱う実験計画の重要性を強調しました．そのツールが**直交表**です．

　田口は，もともと数理的な側面が強かった直交計画を，一般の技術者でも利用できるようなものにしました．1980 年代初頭までこれらがわが国の産業界における競争力の源泉と評価されていたことは，歴史的な事実でしょう．直交実験は，少ない実験回数で要因効果を検定できる便利な手法です．しかし，交互作用の絞り込みについては技術的知見が必要であり，主効果を多く割り付ければ誤差分散の自由度も減少し，推定精度も低下します．また，2 水準系の直交実験は線形効果のみしか把握できないため，通常は主要な要因を絞り込むための**スクリーニング実験** (screening design) だけに用いられます．

3.5 直交表実験―分散分析と回帰分析― 71

　直交表実験は，技術的に応答曲面の関数形を推論してその最適条件を探索するという，数値実験の簡便的なものとして用いられてきました．ただしその最適性は，要因効果が比較的単純な場合，特に極端な非線形性や交互作用が存在しないことが前提であり，その適用範囲は次のように限定的なものです．

(1) 実験誤差など偶然変動が大きい場合

　この場合，要因効果図や分散分析によって有意性を統計的に推論し，その最大値（最小値）を最適条件とすることは，それほど問題ではありません．

(2) 応答と制御因子の関数関係が 1 次や 2 次モデルで近似できる場合

　制御因子の水準幅が広くなければ，要因効果の非線形性や交互作用はあまり存在しません．このため，1 次式なら 2 水準系直交表，2 次式なら 3 水準直交表，または量的な制御因子を積極的に利用した最適計画を用いて応答曲面を近似することも，それほど問題ではないでしょう．

　伝統的な実験計画法では，実験に取り上げている制御因子だけでなく他の要因も影響するため，それらの影響をランダム化することにより，偶然変動に転化します．そのため，制御因子によって規定される水準組み合わせで繰り返し実験を行っても，同じ応答の値とはなりません．このように偶然変動が大きい場合，高次のモデルのあてはめにはあまり意味がないため，通常は 1 次または 2 次モデルを用いた応答曲面解析を行います．

【補足】　本事例では，制御因子を質的因子として扱い，分散分析を行っています．ここで，質的因子ではなく量的因子とし，主効果モデル（交互作用なしの 1 次モデル）を想定した場合の応答曲面解析を行います[59]．なお，応答曲面解析は後述の第 6 章で解説しますが，ここでは推定式と最適化の結果のみを示しておきます．

　図 3.15 を見ると，因子 A および B で 5%有意であり，因子 C, D は有意ではありませんが，主効果モデルに基づく推定式は

$$\hat{y} = 3.875 + 0.1425x_A + 0.198x_B + 0.070x_C - 0.025x_D \tag{3.19}$$

で与えられます．ここでは，制御因子の水準を量的因子の水準値（第 1 水準を -1，第 2 水準を 1）とみなして解析しています[60]．このとき，最適水準は $A_2B_2C_2D_1$ となり，その点推定値および 95%信頼区間は，質的因子として扱った場合と同様に $\hat{\mu}(A_2B_2C_2D_1) = 4.31, (4.02, 4.60)$ となります．　　□

[59] 本実験は，6.2 節において「信号因子を固定した場合」の望大特性の最適化を意味します．直交表を用いた重回帰分析では，割り付けた制御因子間は直交するため，**多重共線性**の心配はいりません．

[60] 質的因子が 2 水準の場合，質的因子に対する結果は，量的因子に対する結果と同じになります．

3 実験計画法の基礎—分散分析—

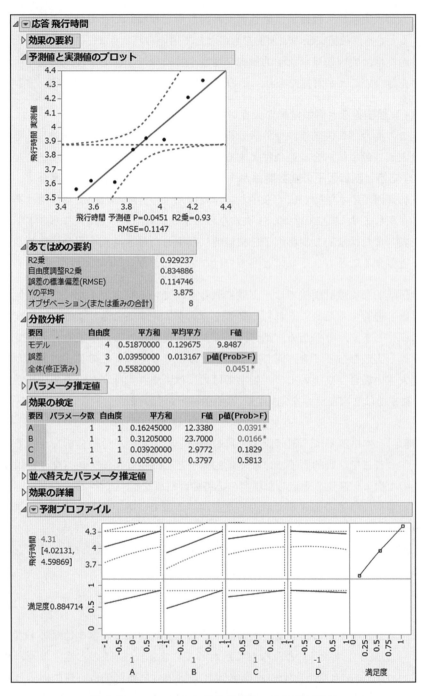

図 3.15　JMP による直交表実験の応答曲面解析

4 回帰分析の基礎
―単回帰分析と重回帰分析―

　本章では，回帰分析の基礎として，単回帰分析および重回帰分析を解説します．一般にデータは，操業データなどの観察データと設計開発における改善研究で用いられる実験データとに分けられます．これらのデータに対する回帰分析はまったく同じ手順となります．しかしながら，その結果の解釈は大きく異なるため注意が必要です．

　観察データの場合には，特性（応答）と因子間の因果関係は保証されないため，モデルによる最適化は意味がありません．一方，実験データの場合には，因果関係を考慮した計画的な実験計画に基づいて採取されているため，適合度の高いモデルを選択したうえで最適化が可能です．回帰分析は，第 6 章で説明する量的因子を積極的に利用した応答曲面解析への準備となります．

4.1 単回帰分析

品質特性に影響を与える要因系の原因をデータから探すのに有効な解析が，**回帰分析**です．特に，説明変数が 1 つのときは**単回帰分析**と呼ばれます．

あるパンの製造工程において，生地の重量 x と焼き上がりの重量 y の関係を調べるため，第 1 章の表 1.1 のように 40 個のデータを採取したとします．

このデータから散布図を作成すると図 1.6 のようになり，x の増加によって y は直線的に増加していることがわかりました．そこで，両者の関係に直線をあてはめて，より詳しい定量的な解析を行うことを目的とします．

■**最小 2 乗法による単回帰式の推定**

単回帰分析では，目的変数 y と説明変数 x の間に

$$Y_i = \beta_0 + \beta_1 x_i + \varepsilon_i, \quad \varepsilon_i \sim N(0,\sigma^2) \tag{4.1}$$

という**単回帰モデル**を想定します．ここで，誤差 ε_i は互いに独立に $N(0,\sigma^2)$ に従っていると仮定しています．

まず，単回帰モデルに含まれる切片 β_0 と傾き β_1 の推定値を求めるため，推定された回帰式を

$$\widehat{y_i} = \widehat{\beta_0} + \widehat{\beta_1} x_i \tag{4.2}$$

とおきます．ここでは，データから**最小 2 乗法**を用いて $\widehat{\beta_0}$ と $\widehat{\beta_1}$ を求めることにします．実現値 y_i と予測値 $\widehat{y_i}$ との差

$$e_i = y_i - \widehat{y_i} = y_i - (\widehat{\beta_0} + \widehat{\beta_1} x_i) \tag{4.3}$$

を**残差**と呼びます．そして，次の**残差平方和**

$$S_e = \sum_{i=1}^{n} e_i^2 = \sum_{i=1}^{n} \{y_i - (\widehat{\beta_0} + \widehat{\beta_1} x_i)\}^2 \tag{4.4}$$

が最小となる $\widehat{\beta_0}$ と $\widehat{\beta_1}$ を求めます．実際に S_e を $\widehat{\beta_0}$ と $\widehat{\beta_1}$ について偏微分して 0 とおき，連立方程式を解くと，それぞれ次のように推定値が得られます．

$$\widehat{\beta_0} = \bar{y} - \widehat{\beta_1} \bar{x} \tag{4.5}$$

$$\widehat{\beta_1} = \frac{\sum_{i=1}^{n}(x_i - \bar{x})(y_i - \bar{y})}{\sum_{i=1}^{n}(x_i - \bar{x})^2} = \frac{S_{xy}}{S_{xx}} \tag{4.6}$$

■平方和の分解と分散分析

前述の分散分析と同様に y の平方和 $S_T(= S_{yy})$ を総平方和と考え，次のように平方和の分解を行います．目的変数 y_i の平方和 S_T は，

$$S_T = \sum_{i=1}^{n}(y_i - \bar{y})^2 = \sum_{i=1}^{n}(y_i - \widehat{\beta}_0 - \widehat{\beta}_1 x_i + \widehat{\beta}_0 + \widehat{\beta}_1 x_i - \bar{y})^2$$

$$= \sum_{i=1}^{n}(y_i - \widehat{\beta}_0 - \widehat{\beta}_1 x_i)^2 + \sum_{i=1}^{n}(\widehat{\beta}_0 + \widehat{\beta}_1 x_i - \bar{y})^2 = S_e + S_R \qquad (4.7)$$

と分解されます．この第 1 項は**残差平方和** S_e であり，第 2 項は**回帰による平方和** S_R と呼ばれます．S_R は y_i の変動のうちで回帰直線によって説明できる部分を表し，S_e は回帰直線では説明できない残りの部分を示しています．

これより，単回帰モデルをあてはめたことに統計的意味があったかどうかを，S_T に対する S_R や S_e の相対的な大きさによって判断できます．平方和の比 S_R/S_T は y の変動のうち回帰による変動を表すもので，**寄与率** R^2 と呼ばれます[61]．回帰分析の分散分析表は，表 4.1 のようにまとめることができます．

> 61）寄与率は決定係数とも呼ばれています．また，この平方根は重相関係数と呼ばれ，実測値と予測値との相関になっています．単回帰分析の場合には，重相関係数は相関係数の絶対値となります．

表 4.1 単回帰分析の分散分析表

要因	平方和	自由度	平均平方	F 値
回帰	S_R	ϕ_R	$V_R = S_R/\phi_R$	$F_0 = V_R/V_e$
e	S_e	ϕ_e	$V_e = S_e/\phi_e$	
計	S_T	ϕ_T		

【解析結果】 表 1.1 のデータに基づいて回帰式を求め，分散分析表を作成してみましょう．単回帰式の推定式は次式で与えられます．

$$\text{焼き上がり重量 } \widehat{y} = -133.514 + 1.244 \times \text{生地重量 } x \qquad (4.8)$$

表 4.2 の p 値を見ると 1% 有意なので，回帰に意味があると言えます．ここで，寄与率 R^2 は 303.483/651.375＝0.466 と求められます[62]． □

> 62）JMP を用いた単回帰の推定式と分散分析の出力結果は，図 4.1 に示しています．

表 4.2 単回帰分析の分散分析表

要因	平方和	自由度	平均平方	F 値	p 値
回帰	303.483	1	303.483	33.149	< .0001
e	347.892	38	9.155		
計	651.375	39			

4.2 単回帰分析における検定と推定

■回帰係数の検定と区間推定

統計量 $\widehat{\beta}_1$ は，$\widehat{\beta}_1 \sim N(\beta_1, \sigma^2/S_{xx})$ となることが知られています．これにより正規化（標準化）を行うと，

$$Z = \frac{\widehat{\beta}_1 - \beta_1}{\sqrt{\sigma^2/S_{xx}}} \sim N(0, 1^2) \tag{4.9}$$

となります．ここで未知母数 σ^2 に不偏分散 V_e を代入し，統計量

$$T = \frac{\widehat{\beta}_1 - \beta_1}{\sqrt{V_e/S_{xx}}} \tag{4.10}$$

が自由度 $\phi_e = n-2$ の t 分布に従うことを利用します．この事実を用いて，回帰係数 $\widehat{\beta}_1$ に関する検定や区間推定を構成することができます．

回帰係数 β_1 が 0 かどうかを検定するために

$$\text{帰無仮説 } H_0 : \beta_1 = 0, \quad \text{対立仮説 } H_1 : \beta_1 \neq 0 \tag{4.11}$$

とし，帰無仮説のもとで検定統計量

$$t_0 = \frac{\widehat{\beta}_1}{\sqrt{V_e/S_{xx}}} \tag{4.12}$$

を計算します．ここで有意水準を 5%とした場合，$|t_0| \geq t(n-2; 0.05)$ ならば帰無仮説 H_0 を棄却して，「回帰係数 β_1 は 0 ではなく，回帰に意味がある」と判断します．

なお，(4.12) 式で与えられる検定統計量を 2 乗すれば

$$t_0^2 = \frac{\widehat{\beta}_1^2}{V_e/S_{xx}} = \frac{(S_{xy}/S_{xx})^2}{V_e/S_{xx}} = \frac{S_{xy}^2}{S_{xx}} \times \frac{1}{V_e} = \frac{V_R}{V_e} = F_0 \tag{4.13}$$

となり，表 4.1 の分散分析表における F 値と一致していることがわかります．すなわち，どちらも x と y の間に直線関係があるかどうかを判定するために用いることができます．

回帰係数 β_1 の信頼率 95%の信頼区間は，

$$\widehat{\beta}_1 \pm t(n-2; 0.05)\sqrt{\frac{V_e}{S_{xx}}} \tag{4.14}$$

となります．

■母回帰の区間推定

回帰の推定量 $\widehat{\beta_0} + \widehat{\beta_1}x$ は，

$$\widehat{\beta_0} + \widehat{\beta_1}x \sim N\left(\beta_0 + \beta_1 x, \left\{\frac{1}{n} + \frac{(x - \bar{x})^2}{S_{xx}}\right\}\sigma^2\right) \tag{4.15}$$

となることが知られています．これより，x の任意の値 x_0 に対する母回帰 $\beta_0 + \beta_1 x_0$ の 95% 信頼区間は，次のように構成することができます．

$$\widehat{\beta_0} + \widehat{\beta_1}x_0 \pm t(n-2; 0.05)\sqrt{\left\{\frac{1}{n} + \frac{(x_0 - \bar{x})^2}{S_{xx}}\right\}V_e} \tag{4.16}$$

これは，$x = x_0$ とした場合の回帰直線上の縦座標の信頼区間となります[63]．

> [63] その区間の幅は x_0 により異なり，$x_0 = \bar{x}$ のときに最小になることに注意してください．

■個々のデータの予測区間

ある x_0 において，将来実現するであろう y の予測区間 $y_0 = \beta_0 + \beta_1 x_0 + \varepsilon$ の 95% 予測区間は，次のように構成できます．

$$\widehat{\beta_0} + \widehat{\beta_1}x_0 \pm t(n-2; 0.05)\sqrt{\left\{1 + \frac{1}{n} + \frac{(x_0 - \bar{x})^2}{S_{xx}}\right\}V_e} \tag{4.17}$$

【解析結果】 表 1.1 のデータを用いて，回帰係数 $\beta_1 \neq 0$ かどうか有意水準 5% で検定を行い，さらに各 x_0 に対して (4.16) 式に基づく母回帰の信頼区間と (4.17) 式に基づく y の予測区間をそれぞれ求めてみましょう．

JMP を用いて出力結果を図示すると，図 4.1 のようになります．　　□

JMP を用いた解析（単回帰分析）

- **散布図**：メニューの [分析] → [二変量の関係] を選択します．目的変数である「焼き上がり重量」を [Y, 目的変数] に指定して説明変数である「生地重量」を [X, 説明変数] と指定し，[OK] ボタンをクリックすると散布図が表示されます．
- **単回帰分析**：「生地重量と焼き上がり重量の二変量の関係」の横にある三角ボタン ▽ をクリックして [直線のあてはめ] を選択すると，単回帰分析の出力結果が図 4.1 のように表示されます．
- **信頼区間と予測区間**：図 4.1 における信頼区間および予測区間は，散布図の下の「直線のあてはめ」の左にある三角ボタン ▽ をクリックし，[回帰の信頼区間] と [個別の値に対する信頼区間] を選択すると表示されます．
- **残差分析**：4.3 節で述べる残差分析は，散布図の下の「直線のあてはめ」の左にある三角ボタン ▽ をクリックし，「残差プロット」を選択することで図 4.2 のように「診断プロット」が出力され，回帰診断も可能となります．

4 回帰分析の基礎―単回帰分析と重回帰分析―

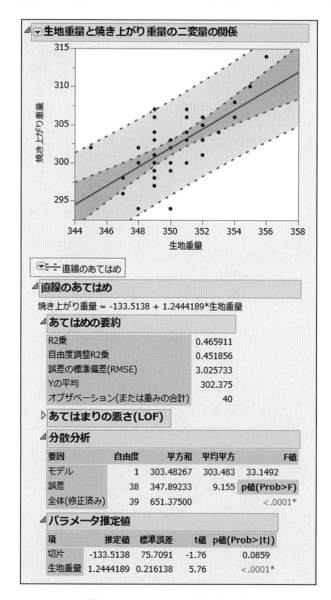

図 4.1　JMP による単回帰分析

4.3 単回帰モデルにおける残差分析

■残差の検討

残差とは，既に述べたように，実測値 y_i と予測値 $\widehat{y_i}$ との差

$$e_i = y_i - \widehat{y_i} \tag{4.18}$$

で定義されます．これは，実測値 y_i が推定された単回帰モデルからどれくらい乖離があるのかを表す量です．残差がすべてゼロであるならば，統計学の一連の方法は存在しないと言ってもよいのですが，言い換えれば，残差はいろいろな情報を持っているということになります．

例えば，残差の値が異常に大きかったり，説明変数 x と残差との関連性に2次的な傾向，つまり x が大きくなるにつれて残差が大きくなったりしている場合には，何か問題があると考えなければなりません．

さて，(4.18) 式で与えられる残差 e_i を誤差の標準偏差 $\sqrt{V_e}$ で割った量

$$e_i' = \frac{e_i}{\sqrt{V_e}} \tag{4.19}$$

を考えます．これは**標準化残差**と呼ばれ，近似的に標準正規分布 $N(0, 1^2)$ に従うことが知られています．

そこで，(x_i, e_i') を散布図にプロットして，2次的な傾向はないか，x が大きくなるにつれて残差が大きくなっていないかなどを検討します．もし2次的な傾向がみられる場合には，2次項 x^2 を新たに追加して重回帰分析を行ってみるとよいでしょう．他にも操業データは，時系列データの場合が多いので，データを採取した順に e_i' をプロットして周期性はないか，e_i' の値で ± 3 を超えるものがないかを確認します．異常値の理由（測定ミスなど）がわかれば，そのデータを外して再解析を行います．

そもそも，「誤差が正規分布である」という仮定は，次のように説明することもできます．W.A. Shewhart (1891–1967) が指摘したように，データは見逃せない（可避）原因と偶然原因とに分けられます．(4.1) 式で与えられた単回帰モデルは，可避原因の構造として x に対して平均構造 $\beta_0 + \beta_1 x$ を採用しています．このとき，要因 x をコントロールして，特性 y のばらつきを低減します．系統変動を除去した後，すなわち**統計的管理状態** (State of Statistical Control) における誤差 ε は，説明できない目的変数 y との差であると表現され，これは正規分布を仮定してもあまり問題はないというものです．

80   4 回帰分析の基礎―単回帰分析と重回帰分析―

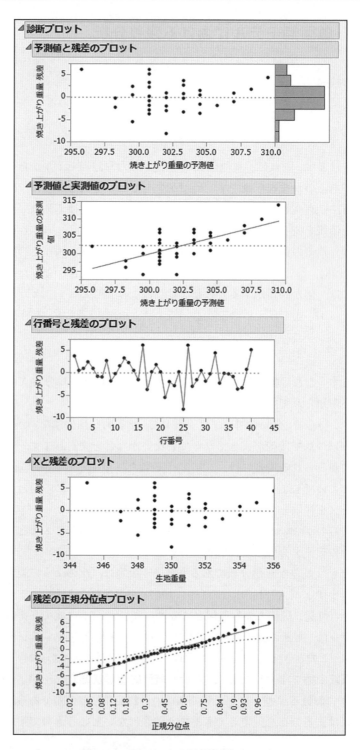

図 4.2　JMP による回帰診断プロット

■ Anscombe の例—散布図による視覚化の重要性—

表 4.3 で与えられる 4 組のデータは Anscombe (1973)[64] によるもので，散布図の視覚化や残差の検討の重要性を再認識させる有名な数値例として知られています.

[64] Anscombe, F.J.(1973), Graphs in Statistical Analysis, *American Statistian*, **27**, 17–21.

表 4.3 Anscombe の数値例

No.	$x^{(1)}$	$y^{(1)}$	$x^{(2)}$	$y^{(2)}$	$x^{(3)}$	$y^{(3)}$	$x^{(4)}$	$y^{(4)}$
1	4	4.26	4	3.10	4	5.39	8	5.25
2	5	5.68	5	4.74	5	5.73	8	5.56
3	6	7.24	6	6.13	6	6.08	8	5.76
4	7	4.82	7	7.26	7	6.42	8	6.58
5	8	6.95	8	8.14	8	6.77	8	6.89
6	9	8.81	9	8.77	9	7.11	8	7.04
7	10	8.04	10	9.14	10	7.46	8	7.71
8	11	8.33	11	9.26	11	7.81	8	7.91
9	12	10.84	12	9.13	12	8.15	8	8.47
10	13	7.58	13	8.74	13	12.74	8	8.84
11	14	9.96	14	8.10	14	8.84	19	12.50

これら 4 組のデータは，表 4.4 で示すようにすべて**要約統計量**（平均，偏差平方和・積和）がほとんど同じであることがわかります．したがって，単回帰分析を行うと，回帰の推定式や検定・推定の結果も同じ結論が得られます.

表 4.4 要約統計量

	(1)	(2)	(3)	(4)
$\bar{x}$	9.0	9.0	9.0	9.0
$\bar{y}$	7.501	7.501	7.500	7.501
S_{xy}	55.01	55.00	54.97	54.99
S_{xx}	110.0	110.0	110.0	110.0
S_{yy}	41.27	41.28	41.23	41.23
R^2	0.67	0.67	0.67	0.67

ところが，図 4.3 の 4 組のデータから散布図を描くと，全くパターンが異なる 4 つの図が得られ，回帰直線を適用しても良さそうなのは (1) のみであることがわかります．(2) は曲線関係であり，(3) と (4) には外れ値があります．このように，単に寄与率や相関係数などの要約統計量を計算するだけでなく，回帰分析を行う前の散布図による視覚化を行い，先ほど述べた残差のパターンがどのようになっているのか検討を行うことが大切なのです.

> **JMP を用いた解析（Anscombe の例）**
>
> - メニューの [ファイル] をクリックし，JMP がインストールされたフォルダの直下にある「Samples/Data」フォルダから「Anscombe.jmp」を開きます．
> - 画面左上にある「カルテット」の横の三角ボタンを押して「スクリプトの実行」を行うと，図 4.3 のように 4 組の散布図および単回帰分析の結果が出力されます．なお，散布図を表示させるには，「X1 と Y1 の二変量の関係」の横の赤い三角ボタン ▽ を押し，[点の表示] をクリックしてください．

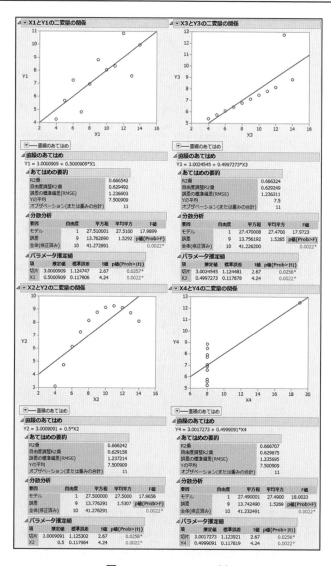

図 4.3　Anscombe の例

4.3 単回帰モデルにおける残差分析　83

【演習問題】　食パンの焼き上がり重量 y [g] のばらつきの原因を解析するために，表 4.5 のように生地 x_1 [g] を説明変数とした 15 個のデータを採取しました．生地の重量は 350 ± 5 [g] に管理されているとし，これまでの単回帰分析による解析法をステップごとに確認しながら行ってみましょう．

表 4.5　生地重量と焼き上がり重量の対データ (2)

No.	x_1	y
1	351	307
2	352	305
3	350	303
4	348	302
5	353	308
6	348	302
7	350	303
8	349	302
9	349	301
10	350	304
11	352	305
12	349	304
13	349	303
14	352	304
15	352	303

Step 1. 箱ひげ図による視覚化と要約統計量

　まず，1.4 節で述べたように箱ひげ図を用いて視覚化し，分布の平均やばらつきに関する要約統計量を調べてみましょう．箱ひげ図は，**分位点（パーセント点）** をグラフ化したものです．細長い箱と上下にのびた線のひげで表現されることから，**箱ひげ図**と呼ばれています．

　図 4.4 で与えられる箱ひげ図の下の線の先端（外れ値のある場合には点になります）は，**最小値**となります．図の「分位点」から，最小値は 301 [g] であることがわかります．箱の下線は，25%点の 302 [g] に対応しています．302 [g] 以下の焼き上がり重量が軽いサンプルが 25%存在することから，**第 1 四分位点**と呼ばれています[65]．

　箱ひげ図の中にある横線が 50%点を示します．「分位点」を見ると，50%点は 303 [g] です．この値を**中央値**といい，データ全体を 2 分する値になっています．中央値は平均値と並んで分布の代表値と呼ばれる重要な**要約統計量**です．

65)　四分位点とは，データをソートして，サンプルを 4 等分する値のことです．

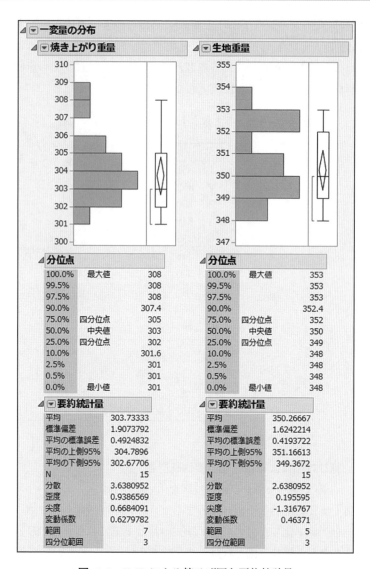

図 4.4　JMP による箱ひげ図と要約統計量

　箱の上線は，75%点の 305 [g] を表しています．305 [g] 以下に全体の 75% のサンプルがあるので，**第 3 四分位点**と呼ばれています．そして上のひげの先端（外れ値のある場合には点になります）は，**最大値**の 308 [g] となります．
　箱ひげ図の中に含まれるひし形は，**95%信頼区間** (302.68, 304.79) を表します（2.4 節を参照）．

ヒストグラムを見ると，区間 $303 \leq x < 304$ に**最頻値（モード）**がある単峰性の分布で，ヒストグラムから少し右に裾を引いた分布であることがわかります．**正規分位点プロット**を描くと，直線から外れた点もいくつかありますが，すべて 95% 信頼区間内であることが確認できます．これにより，「データは正規分布に従っている」と言えそうです．

Step 2. 散布図による視覚化と相関係数

図 4.5 は，「焼き上がり重量」を目的変数として縦軸に，「生地の重量」を説明変数として横軸にとった散布図です．グラフにおけるプロットは，製造工程から採取したデータを表します．変動要因解析のための回帰分析では，説明変数（横軸）と目的変数（縦軸）は対データであるとし，縦軸と横軸が逆になっていないことを確認しましょう．

2 変数の関係を調べるためには，まず散布図を描いて視覚化し，「2 つの量的変数の間に直線的な比例関係があるかどうか」を判定します．ここで，直線関係とは，説明変数の値が増加（減少）すれば目的変数の値が増加（減少）する傾向があることを表します．

このとき，散布図を見て「直線関係がありそう」と判断できるならば，その尺度である相関係数を求めます．もし，散布図に直線的傾向が見られない場合は，ここで終了となります[66]．

● 確率楕円による外れ値のチェック

図 4.5 には，2 変量正規分布を仮定したもとで 95% のデータを含む，**95% 確率楕円**が描かれています．確率楕円から大きく外れた点（外れ値）があればその原因を追及し，改善策を検討します．

● 2 変量の関係が直線関係になっているかどうかのチェック

実際のデータでは，単回帰式でうまく予測できないことも多く，説明変数が 2 つ以上の重回帰分析を用いて説明するほうが，より適合度の高いモデルを構築できる場合があります．2 種類の異なる説明変数を用いた場合の重回帰分析は次節で述べるとして，ここでは説明変数 x_1 の 2 次項 x_1^2 を追加した「2 次の回帰式と直線」を比較してみます．直線と 2 次曲線が重なっていれば，単回帰モデルで解析を行っても大きな問題はないと判断し，解析ストーリーを進めていきます．もし，2 次曲線的に変化しているのであれば，直線関係をとらえる相関係数のみで判断することには注意が必要となります．

[66] Anscombe の例で見たように，相関係数は散布図でデータのかたまりが複数ないか，直線傾向があるか否かを確認しなければ誤った解釈をしてしまうので，注意しなければなりません．

【解析結果】 図 4.5 を見ると，外れ値もなく直線関係が確認でき，確率楕円が
ある程度細長いことから，「生地重量が増えれば焼き上がり重量も増える」とい
う正の相関が認められます．図 4.5 より，相関係数は 0.74 で p 値が 0.0016 で
あることがわかります．これより，1% 有意なので生地重量と焼き上がり重量が
「無相関である」 という（帰無）仮説を棄却することになります．すなわち，母
相関係数が 0 ではなく，標本相関係数が 0.74 なので「正の相関」があると言え
ます．なお，x と y の相関係数は 0.74 なので，生地の重量を一定にコントロー
ルできれば，焼き上がり重量のコントロール後の分散を $R^2 = 0.74^2 = 0.547$，
すなわち 54.7% 程度，ばらつきの低減ができることを意味しています．　　□

Step 3. 単回帰モデルと寄与率

2 変数に相関関係があった場合，特性（目的変数）の変動に影響する要因
（説明変数）の探索や説明変数に基づく目的変数の予測を行います．ここでは，
生地重量 x から焼き上がり重量 y が 1 次式で表されるモデルを考えます．

実際に表 4.5 に基づいて単回帰モデルを求めると，次のようになります．

$$\text{焼き上がり重量 } \hat{y} = -0.379 + 0.868 \times \text{生地重量 } x \tag{4.20}$$

次に，図 4.5 の「あてはめの要約」を見ると，**寄与率** R^2 が約 55% であるこ
とがわかります．この値は，分散分析表の「回帰の偏差平方和を全体の偏差
平方和で割った比」です．この平方根が，目的変数の「焼き上がり重量」と
「焼き上がり重量の予測値」の相関を表す**重相関係数** R となります．単回帰
分析においては，重相関係数は相関係数の絶対値に一致します．また，寄与
率 R^2 は**決定係数**とも呼ばれています．

Step 4. 単回帰分析における分散分析

図 4.5 の「直線のあてはめ」の中に「分散分析」が出力されています．4.1
節の単回帰分析の分散分析表で示したように，**F 値**とは回帰の平均平方を残
差の平均平方で割った値です．実際に単回帰モデルの平均平方 27.84 を誤差
の平均平方（分散）1.78 で割ると，F 値が 15.67 であることがわかります．

分散分析表の帰無仮説は「母回帰係数が $\beta_1 = 0$（傾きが 0）である」とい
うもので，もし p 値が 5% 以下であれば $\beta_1 \neq 0$ と判断でき，「回帰に意味が
ある」と言えます（4.2 節を参照）．本事例の場合には **p 値**は 0.0016 なので，
1% 有意となります．この結果と先ほどの寄与率（決定係数）をあわせて，単
回帰モデルがどの程度モデル適合しているかを判断します．

説明変数が 1 個の単回帰分析の場合には，F 検定と回帰係数の t 検定は一致します．説明変数が 2 個以上ある重回帰分析では，分散分析では定数項を除くすべての偏回帰係数が 0 という帰無仮説で F 検定を行うため，個別の回帰係数の t 検定とは異なります[67]．

Step 5. 単回帰モデルにおけるパラメータ推定値

図 4.5 の「パラメータ推定値」には，切片（定数項）と生地重量の回帰係数の推定値として，それぞれ $\widehat{\beta_0} = -0.379, \widehat{\beta_2} = 0.868$ が与えらています（4.1 節を参照）．推定値の横に標準誤差も出力されており，これより $\widehat{\beta_1}$ の **95%信頼区間**は

$$\widehat{\beta_1} \pm t(13, 0.05) \times 標準誤差 = 0.868 \pm 2.160 \times 0.2193$$
$$= 0.868 \pm 0.474, \quad (0.394, 1.342)$$

で求められ，母回帰係数 β_1 に対する信頼区間は信頼率 95% においてこの範囲であると判断します．また t 値は $0.868/0.219 = 3.96$ で，対応する **p 値**を見ると 0.0016 であり，1%有意であることがわかります．

大切なことは，実際に得られたデータにばらつきが存在しているだけでなく，それから求められた「回帰係数自体にもばらつきが存在する」ということです．これは回帰係数に限ったことではなく，データの平均値と同じように何回もデータを採取して**統計量**（標本平均あるいは標本回帰係数）を計算すると，それらは「異なった値になる」ことに注意しなければなりません．それを保証するものが 95%信頼区間や p 値であり，統計的手法の多くはこれらを評価尺度として用いています．

Step 6. 単回帰分析における残差の検討

残差とは，本節で述べたように焼き上がり重量の実測値 y_i と予測値 $\widehat{y_i}$ の差で表され，式で書くと $e_i = y_i - \widehat{y_i} = y_i - (-0.379 + 0.86823 \times x_i)$ となります．例えば No.1 の生地重量である 351 を代入すると予測値は 304.37 となり，残差は 2.63 $(= 307 - 304.37)$ と求まります（図 4.6 を参照）．例えば，図 4.6 の真ん中の図はデータの行番号を横軸にして残差をプロットしたものです．No.1 は他に比べてやや残差が大きいものの，特に目立った異常値もないので，単回帰モデルに基づいた解析を行っても問題はないようです．

[67] 分散分析表の F 検定の p 値が 5% 以下であれば，少なくとも 1 つの偏回帰係数が 0 ではないと判断し，t 検定で個々の偏回帰係数と定数項が 0 かどうかを判定することになります．

4　回帰分析の基礎—単回帰分析と重回帰分析—

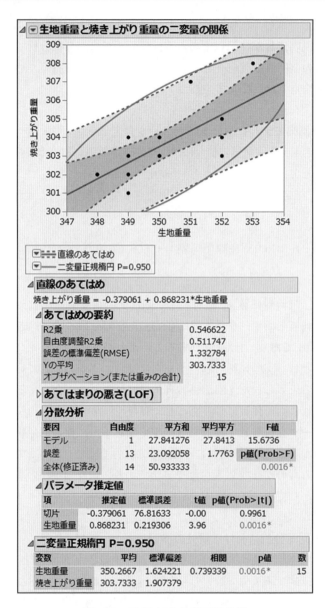

図 4.5　JMP による単回帰分析

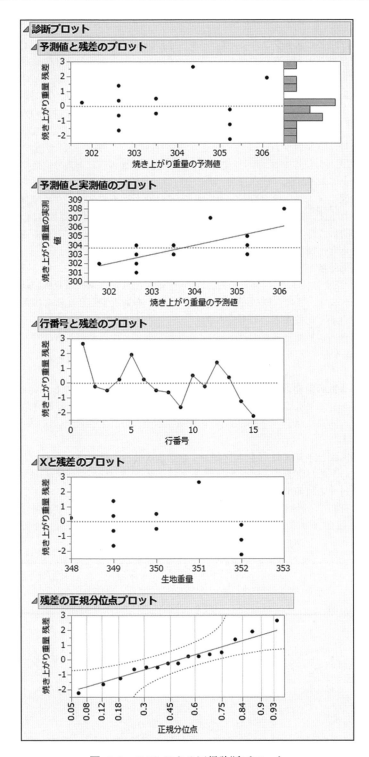

図 4.6　JMP による回帰診断プロット

┌─ JMP を用いた解析（相関分析と単回帰分析）─

- **箱ひげ図とヒストグラム**：メニューの [分析] → [一変量の関係] を選択すると，ダイアログが表示されます．[Y, 列] に「焼き上がり重量」と「生地重量」の2つを指定して [OK] ボタンをクリックすると，図 4.4 のように，ヒストグラムと箱ひげ図，分位点と要約統計量がそれぞれ表示されます．なお図 4.4 は，[要約統計量] の左にある三角ボタン ▽ をクリックして [要約統計量のカスタマイズ] を選択し，分散や歪度および尖度などを追加した表示になっています．
- **正規分位点プロット**：[焼き上がり重量] の左にある三角ボタン ▽ をクリックし，[正規分位点プロット] を選択すれば，箱ひげ図の右に正規分位点プロットが表示されます．
- **散布図**：メニューの [分析] → [二変量の関係] を選択すると，ダイアログが表示されます．目的変数である「焼き上がり重量」を [Y, 目的変数] に指定して説明変数である「生地重量」を [X, 説明変数] と指定し，[OK] ボタンをクリックすると，図 4.5 のように散布図が表示されます．
- **単回帰分析**：[生地重量と焼き上がり重量の二変量の関係] の左にある三角ボタン ▽ をクリックし，[直線のあてはめ] を選択すれば，単回帰分析の結果が表示されます．また，[多項式のあてはめ]→ [2] を選択すると 2 次曲線が表示され，直線と比較することもできます．
- **確率楕円**：散布図の中の確率楕円は，[生地重量と焼き上がり重量の二変量の関係] の左にある三角ボタン ▽ をクリックし，[確率楕円]（例えば 0.95 とする）を選択することで出力されます．
- **回帰係数の信頼区間**：「パラメータ推定値」の枠の中（どこでもよい）で右クリックして [列] → [下側 95%] を選択すれば，95%下側の信頼区間が表示されます．同様に [列] → [上側 95%] を選択すると，95%上側の信頼区間が表示されます．
- **信頼区間と予測区間**：信頼区間および予測区間は，散布図の下の「直線のあてはめ」の左にある三角ボタン ▽ をクリックし，[回帰の信頼区間] と [個別の値に対する信頼区間] を選択すると表示されます．
- **残差分析**：残差分析は，散布図の下の「直線のあてはめ」の左にある三角ボタン ▽ をクリックし，「残差プロット」を選択することで図 4.6 のように「診断プロット」が出力され，回帰診断も可能となります．

└

4.4 重回帰分析

【例】 あるパン工場では，食パンの焼き上がり重量 y [g] のばらつきの原因を解析するために，生地 x_1 [g] と焼き時間 x_2 [分] を説明変数として，表 4.6 のように実験データを採取しました．ここでは，生地重量と焼き時間の2つの変数によって焼き上がり重量を統計的に予測できるか，予測できるとしたらそのモデル適合度はどれくらいなのかなどを本事例に基づいて解説します．

表 4.6 焼き上がり重量のデータ

No.	x_1	x_2	y
1	351	27	307
2	352	29	305
3	350	31	303
4	348	30	302
5	353	27	308
6	348	32	302
7	350	32	303
8	349	34	302
9	349	34	301
10	350	31	304
11	352	30	305
12	349	28	304
13	349	28	303
14	352	29	304
15	352	29	303

■重回帰モデルと最小2乗法

一般に，説明変数が p 個 $(p \geq 2)$ のときの回帰分析を**重回帰分析**といいます．重回帰分析の目的は，複数の説明変数の中から目的変数の説明要因として有効な変数を見つけ出し，精度の高い予測モデルを構築することです．

目的変数 y が説明変数 $x_1, x_2, \ldots, x_p$ の関数で表現された**重回帰モデル**

$$Y_i = \beta_0 + \beta_1 x_{i1} + \beta_2 x_{i2} + \cdots + \beta_p x_{ip} + \varepsilon_i, \ \varepsilon_i \sim N(0, \sigma^2) \tag{4.21}$$

を考えます．ここで，誤差 ε_i は互いに独立な正規分布 $N(0, \sigma^2)$ に従っていると仮定します．β_0 は**切片**，$\beta_1, \ldots, \beta_p$ は**偏回帰係数**と呼ばれています．

(4.21) 式で与えられる重回帰モデルで, $p=2$ とします. このとき, i 番目の予測値および残差は

$$\widehat{y}_i = \widehat{\beta}_0 + \widehat{\beta}_1 x_{i1} + \widehat{\beta}_2 x_{i2} \tag{4.22}$$

$$e_i = y_i - \widehat{y}_i \tag{4.23}$$

で表されます. 最小 2 乗法により, 残差平方和

$$S_e = \sum_{i=1}^{n} e_i^2 = \sum_{i=1}^{n} \{y_i - (\widehat{\beta}_0 + \widehat{\beta}_1 x_{i1} + \widehat{\beta}_2 x_{i2})\}^2 \tag{4.24}$$

を最小にする $\widehat{\beta}_0, \widehat{\beta}_1, \widehat{\beta}_2$ を求めます. これらは, (4.24) 式の S_e を $\widehat{\beta}_0, \widehat{\beta}_1, \widehat{\beta}_2$ で偏微分して 0 とおいた連立方程式の解として求められます.

実際に S_e をそれぞれ $\widehat{\beta}_0, \widehat{\beta}_1, \widehat{\beta}_2$ で偏微分して 0 とおくと, 次のようになります.

$$\frac{\partial S_e}{\partial \widehat{\beta}_0} = -2 \sum_{i=1}^{n} \{y_i - (\widehat{\beta}_0 + \widehat{\beta}_1 x_{1i} + \widehat{\beta}_2 x_{2i})\} = 0 \tag{4.25}$$

$$\frac{\partial S_e}{\partial \widehat{\beta}_1} = -2 \sum_{i=1}^{n} x_{1i} \{y_i - (\widehat{\beta}_0 + \widehat{\beta}_1 x_{1i} + \widehat{\beta}_2 x_{2i})\} = 0 \tag{4.26}$$

$$\frac{\partial S_e}{\partial \widehat{\beta}_2} = -2 \sum_{i=1}^{n} x_{2i} \{y_i - (\widehat{\beta}_0 + \widehat{\beta}_1 x_{1i} + \widehat{\beta}_2 x_{2i})\} = 0 \tag{4.27}$$

(4.25) 式より, 定数項である切片 β_0 の推定値は

$$\widehat{\beta}_0 = \bar{y} - \widehat{\beta}_1 \bar{x}_{1i} - \widehat{\beta}_2 \bar{x}_{2i} \tag{4.28}$$

で与えられます. これを (4.26) 式と (4.27) 式に代入して整理すると, 次のように行列とベクトルで表現することができます.

$$\begin{pmatrix} S_{11} & S_{12} \\ S_{12} & S_{22} \end{pmatrix} \begin{pmatrix} \widehat{\beta}_1 \\ \widehat{\beta}_2 \end{pmatrix} = \begin{pmatrix} S_{1y} \\ S_{2y} \end{pmatrix} \tag{4.29}$$

ここで, 各平方和および偏差積和は, それぞれ次のとおりです.

$$S_{11} = \sum_{i=1}^{n} (x_{i1} - \bar{x}_1)^2, \ S_{22} = \sum_{i=1}^{n} (x_{i2} - \bar{x}_2)^2, \ S_{12} = \sum_{i=1}^{n} (x_{i1} - \bar{x}_1)(x_{i2} - \bar{x}_2),$$

$$S_{1y} = \sum_{i=1}^{n} (x_{i1} - \bar{x}_1)(y_i - \bar{y}), \ S_{2y} = \sum_{i=1}^{n} (x_{i2} - \bar{x}_2)(y_i - \bar{y})$$

(4.29) 式より，$\widehat{\beta}_1, \widehat{\beta}_2$ の解は次のようになります[68]．

$$
\begin{pmatrix} \widehat{\beta}_1 \\ \widehat{\beta}_2 \end{pmatrix} = \begin{pmatrix} S_{11} & S_{12} \\ S_{12} & S_{22} \end{pmatrix}^{-1} \begin{pmatrix} S_{1y} \\ S_{2y} \end{pmatrix} \tag{4.30}
$$

$$
= \frac{1}{S_{11}S_{22} - S_{12}^2} \begin{pmatrix} S_{22} & -S_{12} \\ -S_{12} & S_{11} \end{pmatrix} \begin{pmatrix} S_{1y} \\ S_{2y} \end{pmatrix}
$$

$$
= \frac{1}{S_{11}S_{22} - S_{12}^2} \begin{pmatrix} S_{22}S_{1y} - S_{12}S_{2y} \\ -S_{12}S_{1y} + S_{11}S_{2y} \end{pmatrix} \tag{4.31}
$$

[68] ただし，$S_{11}S_{22} - S_{12}^2 = 0$ となる場合には，逆行列は存在しないので注意してください．

■多重共線性

(4.30) 式では推定された回帰式を求める際に逆行列を計算しています．しかし，この逆行列が存在しないことがあります．それは

$$
S_{11}S_{12} - S_{12}^2 = 0 \quad \Longleftrightarrow \quad \frac{S_{12}^2}{S_{11}S_{22}} = 1
$$

$$
\Longleftrightarrow \quad r_{x_1 x_2}^2 = \left(\frac{S_{12}}{\sqrt{S_{11}S_{22}}} \right)^2 = 1
$$

$$
\Longleftrightarrow \quad r_{x_1 x_2} = \pm 1
$$

となる場合です．このように回帰式を求める際，逆行列が存在しない状況，言い換えれば x_1 と x_2 の「相関係数 $r_{x_1 x_2}$ が ± 1 のときは，**多重共線性**が存在する」といいます．

　相関係数 $r_{x_1 x_2} = \pm 1$ は，説明変数 x_1 または x_2 のどちらかが定まれば，もう一方が直線関係により誤差なく決まることを意味しています．そのような場合，目的変数 y を説明するうえではどちらかの説明変数で十分であり，解釈しやすい方を選択します．また，$r_{x_1 x_2} = \pm 1$ でなくても，「説明変数同士が非常に強い相関関係がある」ときには，回帰係数の推定値や回帰式による予測に悪い影響が現れることがあります[69]．

　このような多重共線性に対する対処方法を述べておきます．説明変数間に存在する固有の性質のために多重共線性が起きている場合には，

[69] 統計ソフト等で重回帰式を求める前には，散布図や相関係数の値あるいは変数間の従属性を十分に検討して，多重共線性の存在の有無を考慮する必要があります．

1. 説明変数の一部を除去する
2. 相関の強い説明変数の平均をとったり，回帰分析の前に主成分スコアを計算したり，クラスター分析をしたりして，説明変数を分類して「似ている」ものをまとめ，説明変数の「要約」を行う

といった方法により，それを回避することも可能です．

■平方和の分解と分散分析

単回帰モデルと同様に，重回帰モデルにおいても総平方和 $S_T (= S_{yy})$ は次のように分解できます．

$$
S_T = \sum_{i=1}^{n} (y_i - \bar{y})^2
$$

$$
= \sum_{i=1}^{n} \{y_i - (\widehat{\beta_0} + \widehat{\beta_1} x_{i1} + \widehat{\beta_2} x_{i2}) + (\widehat{\beta_0} + \widehat{\beta_1} x_{i1} + \widehat{\beta_2} x_{i2}) - \bar{y}\}^2
$$

$$
= \sum_{i=1}^{n} \{y_i - (\widehat{\beta_0} + \widehat{\beta_1} x_{i1} + \widehat{\beta_2} x_{i2})\}^2 + \sum_{i=1}^{n} \{(\widehat{\beta_0} + \widehat{\beta_1} x_{i1} + \widehat{\beta_2} x_{i2}) - \bar{y}\}^2
$$

$$
+ 2\sum_{i=1}^{n} \{y_i - (\widehat{\beta_0} + \widehat{\beta_1} x_{i1} + \widehat{\beta_2} x_{i2})\}\{(\widehat{\beta_0} + \widehat{\beta_1} x_{i1} + \widehat{\beta_2} x_{i2}) - \bar{y}\}
$$

ここで，第 3 項が 0 となることを示します．残差 e_i を用いれば，

$$
\sum_{i=1}^{n} e_i \{(\widehat{\beta_0} + \widehat{\beta_1} x_{i1} + \widehat{\beta_2} x_{i2}) - \bar{y}\} = \sum_{i=1}^{n} e_i \{(\widehat{\beta_0} - \bar{y}) + \widehat{\beta_1} x_{i1} + \widehat{\beta_2} x_{i2}\}
$$

$$
= (\widehat{\beta_0} - \bar{y}) \sum_{i=1}^{n} e_i + \widehat{\beta_1} \sum_{i=1}^{n} e_i x_{i1} + \widehat{\beta_2} \sum_{i=1}^{n} e_i x_{i2}
$$

と表せます．

(4.25) 式～(4.27) 式より，

$$
\sum_{i=1}^{n} \{y_i - (\widehat{\beta_0} + \widehat{\beta_1} x_{1i} + \widehat{\beta_2} x_{2i})\} = \sum_{i=1}^{n} e_i = 0
$$

$$
\sum_{i=1}^{n} x_{1i} \{y_i - (\widehat{\beta_0} + \widehat{\beta_1} x_{1i} + \widehat{\beta_2} x_{2i})\} = \sum_{i=1}^{n} e_i x_{i1} = 0
$$

$$
\sum_{i=1}^{n} x_{2i} \{y_i - (\widehat{\beta_0} + \widehat{\beta_1} x_{1i} + \widehat{\beta_2} x_{2i})\} = \sum_{i=1}^{n} e_i x_{i2} = 0
$$

となることに注意すれば，第 3 項は 0 となります．これより，平方和は

$$
S_T = \sum_{i=1}^{n} \{y_i - (\widehat{\beta_0} + \widehat{\beta_1} x_{i1} + \widehat{\beta_2} x_{i2})\}^2 + \sum_{i=1}^{n} \{(\widehat{\beta_0} + \widehat{\beta_1} x_{i1} + \widehat{\beta_2} x_{i2}) - \bar{y}\}^2
$$

$$
= \sum_{i=1}^{n} (y_i - \widehat{y_i})^2 + \sum_{i=1}^{n} (\widehat{y_i} - \bar{y})^2 = S_e + S_R
$$

と分解できます．ここで平方和 S_T, S_R, S_e の自由度は，それぞれ $\phi_T = n-1$, $\phi_R = 2$, $\phi_e = n-3$ となります． □

重回帰式が統計的に有意であるかどうかは，一般に偏回帰係数 β_1, β_2, ..., β_p に対する帰無仮説 $H_0 : \beta_1 = \beta_2 = \cdots = \beta_p = 0$ の検定を行うことでわかり，その分散分析表は表 4.7 で与えられます．

表 **4.7** 重回帰分析の分散分析表

要因	平方和	自由度	平均平方	F 値
回帰	S_R	$\phi_R = p$	$V_R = S_R/\phi_R$	$F_0 = V_R/V_e$
e	S_e	$\phi_e = n - p - 1$	$V_e = S_e/\phi_e$	
計	S_T	$\phi_T = n - 1$		

これより $F_0 \geq F(\phi_R, \phi_e; \alpha)$ ならば，有意水準 α で帰無仮説を棄却します．この検定では，目的変数 y の変動を説明するのに少なくとも 1 つの説明変数が有効であるかどうか，あるいは目的変数 y と p 個の説明変数との間に何らかの関係があるかどうかを判定します．したがって，この仮説のもとで帰無仮説が棄却されて有意になれば，「少なくとも 1 つ以上の偏回帰係数が 0 ではない」とわかります．また，回帰式で説明できないばらつきの大きさについては，残差分散 V_e で評価します．

■偏回帰係数の t 統計量

重回帰分析の場合には，回帰式全体として回帰に意味があるかどうかに加え，「個々の説明変数が意味をもつか，偏回帰係数の値が 0 と考えられるかの帰無仮説」についての検定（回帰係数に関する検定）にも意味があります．この帰無仮説は「$H_0 : \beta_j = 0$」です．このとき偏回帰係数の推定量 $\widehat{\beta}_j$ は，

$$\widehat{\beta}_j \sim N(\beta_j, S^{jj}\sigma^2) \tag{4.32}$$

となることが知られています．S^{jj} は (4.30) 式の右辺にある行列の逆行列の要素です．ここで，誤差の母分散 σ^2 を分散分析表の残差分散 V_e で推定すると，検定統計量は

$$t_0 = \frac{\widehat{\beta}_j}{\sqrt{S^{jj}V_e}} \tag{4.33}$$

で与えられ，自由度 ϕ_e の t 分布に従います．

これより，有意水準 α を定めてこの t_0 値を計算し，$|t_0| \geq t(\phi_e; \alpha)$ ならば有意水準 α で有意であると判定し，帰無仮説 H_0 を棄却します．

■重相関係数と寄与率

推定された回帰式が有効であるためには観測値 y_i と予測値 $\widehat{y_i}$ が一致しているほどよく，その尺度として次の重相関係数

$$R = \frac{\sum_{i=1}^{n}(y_i - \bar{y})(\widehat{y_i} - \bar{\widehat{y}})}{\sqrt{\sum_{i=1}^{n}(y_i - \bar{y})^2 \sum_{i=1}^{n}(\widehat{y_i} - \bar{\widehat{y}})^2}}, \quad 0 \le R \le 1 \tag{4.34}$$

が用いられます．

重相関係数を 2 乗した R^2 は寄与率と呼ばれ，

$$R^2 = \frac{S_R}{S_T} = 1 - \frac{S_e}{S_T} \tag{4.35}$$

で定義されます．寄与率は，y の総平方和 S_T（全変動 S_{yy}）に対する回帰平方和 S_R の割合，言い換えれば y の変動のうち p 個（今の場合 $p = 2$）の説明変数 $(x_1, x_2, \ldots, x_p)$ の組で説明できる割合を示します．

重回帰分析は，説明変数 $(x_1, x_2, \ldots, x_p)$ の組が全体として目的変数 y を最もよく予測できるように構成されています．そして重相関係数は，説明変数が全体として目的変数をどの程度説明できるかを示す値となります．

ところで，重相関係数や寄与率は，説明変数 $x_1, x_2, \ldots, x_p$ が全体として y の予測にどれほど有効であるかを示す評価測度ですが，説明変数の個数が増えれば寄与率は単調に大きくなります．すなわち回帰平方和 S_R は，説明変数を追加することによって，y の変動に何も寄与しなくても必ず大きくなってしまいます．そして，その説明変数の数 p が $p = n - 1$ に達すると，$S_R = S_{yy}$，$S_e = 0$ となり $R^2 = 1$ となります．このことは，単回帰分析 $p = 1$ の場合を考えると明らかでしょう[70]．

70) データ数 $n = 2$ のとき，回帰直線は 2 点を通る直線であり，残差は 0，$R^2 = 1$ となります．これは，x が y の予測に有効であるかどうかは関係なく，常に成立します．

意味のない変数を追加することによって，見かけ上の寄与率を増加させるのは好ましくありません．そこで，寄与率を単なる回帰平方和と総平方和の比ではなく，それらの自由度で割った分散の比として定義することがあります．

すなわち，(4.35) 式に対応して残差平方和 S_e を自由度 $\phi_e = n - p - 1$（今の場合 $p = 2$）で割った残差分散 $V_e = S_e/(n - p - 1)$ と，全変動 S_T を自由度 $\phi_T = n - 1$ で割った全体での分散 $V_T = S_T/(n - 1)$ との比を計算した量が，**自由度調整済み寄与率**として

$$R^{*2} = 1 - \frac{V_e}{V_T} = 1 - \frac{S_e/(n - p - 1)}{S_T/(n - 1)} = 1 - \frac{S_e/\phi_e}{S_T/\phi_T} \tag{4.36}$$

で定義されます．

【解析結果】 表 4.6 のデータに基づいて，重回帰式と分散分析および自由度調整済み寄与率を求めてみましょう．このようなデータが得られたら，まず 3 つの変数の対ごとの相関分析を行うことが大切です．これら 3 つの散布図を作成したものが図 4.7 です．

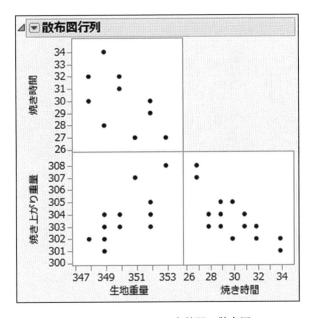

図 4.7　JMP による変数間の散布図

　図 4.7 を見ると，生地重量と焼き上がり重量の間には正の相関関係がみられます．この相関係数は 0.739 です．次に，焼き時間と焼き上がり重量の間には，負の相関関係（相関係数は -0.761）が読み取れます．最後に，2 つの説明変数である生地重量と焼き時間の間の相関関係はそれほど大きくありません（相関係数は -0.513）．これは形式的に求められますが，物理的に考えれば互いに独立であると考えてもよいでしょう．

　表 4.6 のデータより，生地重量と焼き時間を説明変数としたときの推定された重回帰モデル（予測モデル）は，

$$\hat{y} = 122.12 + 0.556 x_1 - 0.439 x_2 \qquad (4.37)$$

となります．これより，形式的に生地重量が増えれば焼き上がり重量は増え，焼き時間が増加すれば減少することが読み取れます．これらの結果は，物理的にも整合性があります．

分散分析の結果を表 4.8 に示します．分散分析表を見ると，p 値が 1%以下となっていることから回帰に意味があると言えます．また，寄与率 R^2 は 37.902/50.933 = 0.744 であり，焼き上がり重量のばらつきの約 74.4%を説明することができます．ただし，寄与率は説明変数の数を増やせば常に増加するので，この点を考慮した自由度調整済み寄与率を求めると，約 70.2%となります．

表 4.8　重回帰分析の分散分析表

変数	平方和	自由度	平均平方	F 値	p 値
回帰	37.902	2	18.951	17.451	0.0003
e	13.032	12	1.086		
計	50.933	14			

個々の変数の偏回帰係数の t 値は表 4.9 のようになり，いずれも p 値が 5%以下であり，有意になっていることがわかります．　　　　　　　　　　□

表 4.9　重回帰分析結果の t 値

変数	偏回帰係数	標準誤差	t 値	p 値
x_1	0.556	0.200	2.78	0.0165
x_2	−0.439	0.144	−3.04	0.0102

┌─ JMP を用いた解析（重回帰分析）─────────────

- **散布図**：メニューの [分析] → [二変量の関係] を選択します．目的変数である「焼き上がり重量」を [Y, 目的変数] に指定し，説明変数である「生地重量」および「焼き時間」をそれぞれ [X, 説明変数] にして [OK] ボタンをクリックすると，変数間の散布図が表示されます．
- **散布図行列**：メニューの [グラフ] → [散布図行列] を選択します．「生地重量」「焼き時間」「焼き上がり重量」を [Y, 列] に指定し，さらに「配置の方法」を [下三角] として [OK] ボタンをクリックすると，変数間の散布図がそれぞれ図 4.7 のように表示されます．
- **重回帰分析**：メニューの [分析] → [モデルのあてはめ] を選択します．「焼き上がり重量」を [Y] に指定し，「生地重量」および「焼き時間」を選択して [追加] ボタンをクリックします．手法：[標準最小 2 乗]，強調点：[要因のスクリーニング] あるいは [最小レポート] を選択して [実行] ボタンを押すと，図 4.8 が出力されます．(4.37) 式は，「パラメータ推定値」を参照してモデル式の形式に書き表したものです．

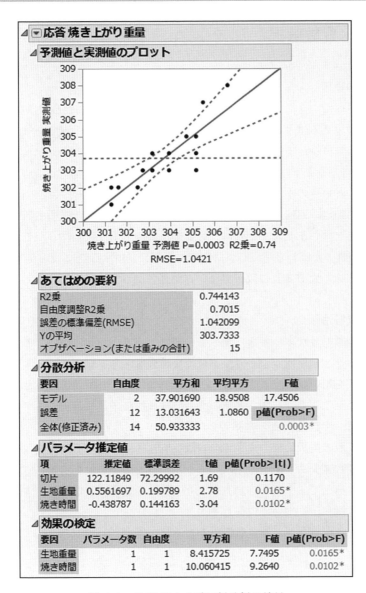

図 4.8　JMP による重回帰分析の結果

4.5 変数選択

■ケチの原理

　既に述べたように，重回帰分析では必ずしも有効な説明変数ではなくても，その数が増えるほど寄与率は高くなります．しかしその一方で，モデルそのものが複雑になってしまいます．そこで，品質改善活動を行っていく上でも，「あまり寄与率を下げないで，なるべく少ない説明変数で簡潔にモデルを記述したい」というのが，ケチの原理 (principle of parsimony) です．

　一般的には，回帰式を作る際，データとして用意された説明変数をすべて用いることはしません．それは，必要最小限の説明変数で作った方が普遍的で「再現性」が高いと考えられ，制御や管理に利用する際にも「実行可能性」という意味で説明変数の数が少ない方が良いからです．

■変数選択法

　説明変数の数が多いとき，すべての変数の組み合わせについてモデルの検討をすることは手間がかかり，不可能な場合もあります．このとき，どのような変数を用いれば，目的変数の予測や制御に最も有用なモデルとなるのでしょうか．ここでは，ある基準のもとで機械的に変数を選択するアルゴリズムとして，変数選択法を解説します．

　説明変数の選択には，すべての変数を取り込んでから不要な変数を削除していく**変数減少法**，定数項だけのモデルから有用な変数を追加していく**変数増加法**，そして，それらの両方を取り入れた**変数増減法**があります．ここでは，変数増加法について説明します．

　まず，最もシンプルな定数項のみのモデル

$$y_i = \beta_0 + \varepsilon_i \tag{4.38}$$

から始めます．

　(4.38) 式に説明変数 x_1 または x_2 のどちらの変数を取り込むのがよいのかを考えます．そこで，1 つの変数として x_1 を取り込んだ単回帰モデルは，

$$\widehat{y_i} = \widehat{\beta_0} + \widehat{\beta_1} x_{i1} \tag{4.39}$$

となります．ここで，y の平方和を S_T ($\phi_T = n - 1$)，残差平方和を $S_{e(1)}$ ($\phi_{e(1)} = n - 2$) とします．

(4.39) 式をあてはめたときに,

$$F_0 = \frac{(S_T - S_{e(1)})/(\phi_T - \phi_{e(1)})}{S_{e(1)}/\phi_{e(1)}} \tag{4.40}$$

は $F(\phi_T - \phi_{e(1)}, \phi_{e(1)})$ に従います. このとき, 対応する p 値が目安として 5%以下ならば, (4.39) 式を採用します[71].

同様に, (4.38) 式に x_2 を取り込んだ単回帰モデルから (4.40) 式の F_0 値を計算し, それらの変数のうちの「F_0 値が大きい方の変数」をモデルに取り込みます. ここで, 説明変数 x_1, x_2 をそれぞれ取り込んだ場合の p 値がいずれも特定の目安 (例えば 5%や 25%) より大きければ, どちらの変数も取り入れずに (4.38) 式を採用して終了します.

いま, x_1 を取り込んだ単回帰モデルを

$$y_i = \beta_0 + \beta_1 x_{i1} + \varepsilon_i \tag{4.41}$$

で表します. 次に, (4.41) 式に x_2 を追加するかどうかを p 値を用いて判断します. x_2 を取り入れた重回帰モデルを

$$y_i = \beta_0 + \beta_1 x_{i1} + \beta_2 x_{i2} + \varepsilon_i \tag{4.42}$$

と表します. (4.42) 式のもとで求めた残差平方和を $S_{e(2)}$ と表し, これを (4.41) 式のもとで求めた残差平方和と比較します. (4.42) 式のもとで,

$$F_0 = \frac{(S_{e(1)} - S_{e(2)})/(\phi_{e(1)} - \phi_{e(2)})}{S_{e(2)}/\phi_{e(2)}} \tag{4.43}$$

は $F(\phi_{e(1)} - \phi_{e(2)}, \phi_{e(2)})$ に従います. このとき, 対応する p 値が特定の閾値以下ならば, (4.42) 式で与えられる重回帰式を採用します.

(4.43) 式は (4.41) 式から (4.42) 式に変更することによって残差平方和がどれくらい減少するかを測る量であり, F_0 値はその残差平方和 $S_{e(2)}$ との相対的な量をみています. 最終的に (4.42) 式を採用する場合には, この重回帰の推定式のもとで**自由度調整済み寄与率**を用いて, モデル適合度を計算します.

変数増加法, 変数減少法, 変数増減法のように, 1 ステップに 1 つずつ説明変数を取捨選択していく方法を, **ステップワイズ法**といいます. なお, どのようなモデルがデータのあてはまりとして適当かといったモデルの有効性を判断するための尺度も開発されています. 代表的なものとして, 1973 年に元統計数理研究所所長の赤池弘次博士によって提案された, **赤池情報量規準** (AIC: Akaike's Information Criterion) と呼ばれる指標が知られています.

[71] ステップワイズ回帰の場合には, 変数の取りこぼしがないように, やや緩めの閾値 25%以下にすることもあります.

4.6 ダミー変数を用いた重回帰分析

【例】 あるパン工場では，食パンの焼き上がり重量 $y\,[\mathrm{g}]$ のばらつきの原因を解析するために，説明変数（量的変数）である生地重量 $x_1\,[\mathrm{g}]$ に機械 x_3（質的変数）を追加した工程データを採取しました．4.4 節との違いは，量的変数に質的変数を追加していることです．

本節では，表 4.10 のように量的変数と質的変数が混在した重回帰分析を解説します[72]．

72) ダミー変数を用いた重回帰分析は，ロバスト設計における統計的アプローチの基本になります．統計モデルによるロバスト設計では，誤差因子をダミー変数として解析を行っています．詳しくは，河村・高橋 (2013) を参照してください．

表 4.10 焼き上がり重量のデータ

No.	x_1	x_3	y
1	351	A	307
2	344	A	305
3	352	A	308
4	340	A	304
5	351	A	307
6	348	A	306
7	350	A	307
8	354	A	308
9	345	A	305
10	345	A	306
11	352	B	305
12	342	B	304
13	349	B	303
14	348	B	304
15	337	B	303

■ダミー変数を用いた重回帰モデル

層別因子である機械は 2 水準系の**質的変数**なので，これを重回帰分析の説明変数として取り込むために，**ダミー変数**の形にしておきます[73]．そこで，質的変数 x_3 をダミー変数 $z(=\pm1)$ で表し，生地重量 x_1 に加えたときの重回帰モデル

73) ダミー変数を導入した後の解析は，これまでの重回帰分析の内容とほとんど同じです．

$$Y_i = \beta_0 + \beta_1 x_{i1} + d z_i + \varepsilon_i, \quad \varepsilon_i \sim N(0,\,\sigma^2) \tag{4.44}$$

を想定します．

ここで，ダミー変数 z は

$$z = 1 \quad 機械 A のとき$$
$$= -1 \quad 機械 B のとき$$

であり，d は対応する偏回帰係数です[74]．

【解析結果】 表 4.10 のデータに基づいて推定した回帰式（予測モデル）を求めると，

$$\hat{y} = 236.608 + 0.197x_1 + 1.013z \tag{4.45}$$

となります．後述の図 4.9 の出力結果において，個々の偏回帰係数の p 値を見ると，いずれも 1% 有意です．また，(4.45) 式で与えられる推定された回帰式の寄与率は約 83.5%，自由度調整済み寄与率は約 80.8% であり，ダミー変数を考慮した回帰モデルは生地重量 x_1 のみの単回帰モデルに比べ，モデル適合度が高くなっていることがわかります．　　　　　　　　　　　　　□

> **JMP を用いた解析（ダミー変数を追加した回帰分析）**
>
> - **データセット**：目的変数である焼き上がり重量および説明変数である生地重量に，機械（質的変数）を追加したデータセットを作成します．
> - **ダミー変数を追加した重回帰分析**：メニューの [分析] → [モデルのあてはめ] を選択するとダイアログが表示されるので，「焼き上がり重量」を [Y] に指定します．次に量的変数である「生地重量」，質的変数である「機械」を選択し，「モデル効果の構成」の [追加] ボタンをクリックします．手法：[標準最小 2 乗]，強調点：[要因のスクリーニング] あるいは [最小レポート] を選択して，[実行] ボタンをクリックすると，図 4.9 が出力されます．(4.45) 式は，図 4.9 の「パラメータ推定値」を参照して，モデル式の形式に書き表したものです．

　さらに，機械によって生地重量の**効果**（傾き）が異なるかどうかを判定するための説明変数として，(4.44) 式に層別因子と説明変数の交互作用 $x_1 z$ を追加し，**ダミー変数を使った交互作用項を含む回帰モデル**を考えてみましょう．
　赤池情報量規準 (AIC) により，変数選択を行った後の予測モデルは

$$\hat{y} = 239.652 - 36.538z + 0.188x_1 + 0.108x_1 z \tag{4.46}$$

で与えられます[75]．

[74] 個々のダミー変数（$z = 1$ または $z = -1$）が目的変数に効果があるかどうかではなく，1 つの質的因子に対するダミー変数の集まりが目的変数に効果があるかを検討しています．一般にダミー変数は，質的変数の水準数 −1 個を導入します．

[75] JMP では，AIC ではなく修正赤池情報量規準 (AICc) が用いられています．

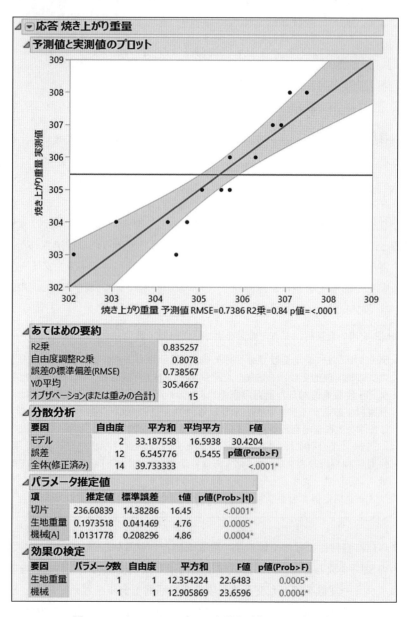

図 4.9 JMP によるダミー変数を追加した回帰分析

交互作用 $x_1 z$ が変数選択され，かつ偏回帰係数が有意であるということは，機械 A と B で生地重量 x_1 の傾きが異なるということが統計的に示されたことになります．また，この回帰式の寄与率は約 92.8%，自由度調整済み寄与率は約 90.9% となり，焼き上がり重量の変動を十分に説明する予測モデルとなっています．　　　　　　　　　　　　　　　　　　　　　　　　□

JMP を用いた解析（ダミー変数による交互作用項を含む重回帰分析）

- **データセット**：目的変数である焼き上がり重量および説明変数である生地重量に，機械（質的変数）を追加したデータセットを作成します．
- **ステップワイズ回帰**：メニューの [分析] → [モデルのあてはめ] を選択すると，ダイアログが表示されます．図 4.10 のように「焼き上がり重量」を [Y] に指定して「生地重量」「機械」を選択し，[マクロ]→[設定された次数まで] をクリックします．ここでは次数 [2] としておきます．手法：[ステップワイズ法] を選択して [実行] ボタンを押します．次に「ステップワイズ回帰の設定」において，「停止ルール」を [最小 AICc]，「方向」に関しては [変数増加] を選択し，[実行] ボタンを押すと図 4.11 のようなモデル選択後の出力結果が得られます．これで良ければ [モデルの作成] ボタンを押して，変数選択後の最終モデルとします．
- **ダミー変数を使った交互作用項を含む回帰モデル**：手法：[標準最小 2 乗]，強調点：[要因のスクリーニング] を選択して，[実行] ボタンを押すと図 4.12 が出力されます．(4.46) 式は，図 4.12 の「パラメータ推定値」を参照して，モデル式の形式に書き表したものです．ただし，ここでは「モデルの指定」の左にある三角ボタン ▽ をクリックし，「多項式の中心化」のチェックを外した表現であることに注意してください．

【補足】　本事例は工程データ（観察データ）ですが，形式的な実験データと見れば，生地重量と焼き時間を制御因子とみなすことができます．このとき，制御因子の水準をうまく選択すれば，どこの機械であっても焼き上がり重量のばらつきを低減化できることを意味しています．これはロバスト設計における「制御因子と誤差因子の交互作用を利用したばらつき低減化」と基本的に同じ問題解決を行っていることになります[76]．実際，(4.46) 式のダミー変数 z の係数 $0.108x_1 - 36.538$ の絶対値が小さくなるように生地重量 x_1 の水準値を探索できれば，機械（ロバスト設計でいう誤差因子に相当）の違いでばらつきが生じていたとしても，それを低減化することができます．

76) 詳しくは，河村敏彦 (2015)：『製品開発のための統計解析入門』（近代科学社）の第 6 章を参照してください．

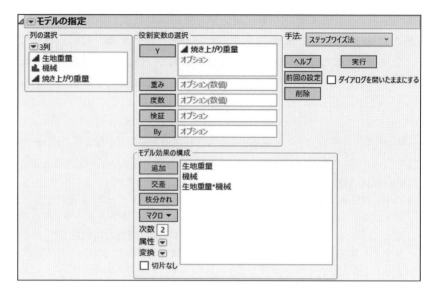

図 4.10 JMPによるモデルあてはめのためのダイアログ（交互作用を含む）

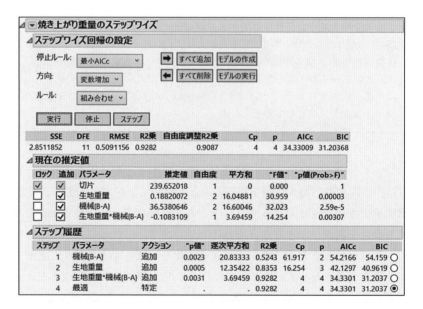

図 4.11 JMPによるステップワイズ回帰の設定

4.6 ダミー変数を用いた重回帰分析

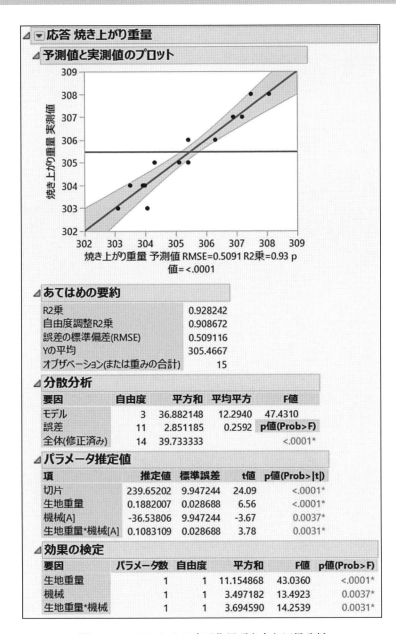

図 4.12 JMP による交互作用項を含む回帰分析

5 統計的工程管理

　本章では，Shewhart によって提案された管理図を解説します．管理図は，品質特性に変動が存在することを認めたうえで，その変動原因を見逃せない原因（可避原因）と偶然原因の 2 つに分解し，つねに可避原因を取り除いて偶然原因のみにし，工程の管理状態を確保するために用いられます．これは Fisher 流実験計画法における平方和の分解に対応するものです．

　統計的工程管理の基本は，技術的意味のある群を設定し，まずばらつきの尺度である範囲 R を安定化させてから，次に平均 $\bar{x}$ の安定化を図るという指針です．これらは，ロバスト設計における SN 比を最大化（ばらつきを低減化）して，感度（平均）で目標値に調整するという 2 段階設計法と同じ指針であると言えます．

5.1 管理図とは

■管理図

　高品質の製品を経済的に作り続けるためには,「検査」によって品質保証するのではなくて,それを「工程(プロセス)で作り込む」ことが必要となります.そのためには,工程をよい状態に安定させておくことが大切になります.これが品質管理における工程管理 (process control) の基本です.

　統計的方法は,データを採取している間は母集団が変化しない(同一母集団)ことを前提とし,そのもとで推測が行われます.しかし,実際の工程データを観察してみると,データを採取している間でさえも母集団が同一でなく,安定していないことがよくあります.このような状況でそのまま解析しても,その結果には再現性はなく,よかれと思ってとったアクション (PDCA の A) が何の効果も生まないことになります.

　特性に影響を与える要因を認識する場合,それ自体が不明確であるならば,その平均だけでなくばらつきにも着目して,それが大きく変化した時点で何が起こったのかを調べることにより,効率よく原因を追求できます.

　以上の観点から,工程が安定しているかどうかを判定する方法と,異常値があった場合にその時点を教えてくれる道具が必要となります.これに対しては 1924 年に W.A. Shewhart によって管理図 (control chart) が提唱され,今日の統計的品質管理の基礎となっています.管理図は工程の状態を表す特性値について描いたグラフであり,**統計的管理状態**(安定状態)にあるかどうかを確かめるために使われます.

■偶然原因と見逃せない原因

　作業標準に従い,管理された設備で作業を行っても,その工程から製造される品質特性にはばらつきが生じます.このばらつきは,次のように偶然原因 (chance cause) と見逃せない原因 (assignable cause) の 2 つに分けられます.

1. 偶然原因:工程にいつも起こっている程度のやむえないばらつき
2. 見逃せない原因:いつもと違った,何か意味のあるばらつき

　1. の偶然原因は不可避な変動と考えられるものであり,偶然変動を除去するアクションは無駄であるばかりか害をなすことも多いでしょう.偶然原因によるばらつきは,この程度のばらつきなら許容できる変動であるとも言えます.

これに対して2.の見逃せない原因（可避原因）は，何らかのアクションをとらなければ問題が再発する可能性があり，工程の状態を維持するのが難しいものと考えられます．

Shewhart の管理図は，偶然原因と見逃せない原因を視覚化したグラフです．工程データを見て偶然的な変化なのか，あるいは系統的な変化なのかを区別し，後者ならばその原因を追求し，再発防止・維持管理のためのアクションをとることによって工程の安定化をはかり，その状態を恒久的によい状態に維持していくようにします[77]．

■管理図と3シグマ法

管理図は，図5.1に示されるような工程の状態を表す特性値をプロットしたグラフであり，そこに**中心線** (CL：Central Line) とその上下に**上側管理限界** (UCL：Upper Control Limit) と**下側管理限界** (LCL：Lower Control Limit) が引かれています．

この管理限界線は，統計量の標準偏差の3倍の位置に引かれ，例えば正規分布の場合には3シグマ以上離れることは約0.003しかありません．このとき，管理限界線から外れる確率は0.3%程度なのでよいと考えるのではなく，「外れ値は何か異常が発生したからこそ起こった」と考えます．この3シグマ法に基づく管理図に見逃せない原因による異常があれば，それを見つけ出し，改善活動を行うことになります．なお，管理限界線の外に出るか出ないかの判断は，各群の母平均が等しい，すなわち帰無仮説 $H_0 : \mu_1 = \mu_2 = \cdots = \mu_k$ という**統計的仮説検定**を行っていることに相当しています[78]．

[77] 管理図は，見逃せない原因が何なのかまでは教えてくれません．例えば，管理図と層別を組み合わせることによって固有技術的に原因を発見し，発見したらそれを撲滅するという指針です．

[78] 通常の仮説検定で用いられる有意水準は5%や1%です．それに比べて3シグマ法に基づく管理図は，0.3%と第1種の誤り（帰無仮説 H_0 が成立しているにもかかわらず，これを棄却する誤り）が非常に小さく抑えられていることを意味しています．ただし，複数の統計的検定を行うことになるので多重性が生じ，少なくともいずれか1つの群が棄却される確率は約0.3%よりも大きくなります．

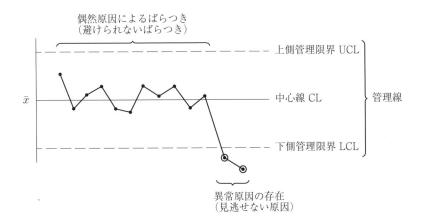

図 5.1　$\bar{x}$ 管理図の例

5.2 管理図の描き方

本節では，管理対象の特性が計量値である場合によく用いられる $\bar{x} - R$ 管理図を取り上げ，その描き方を手順を追って説明します．この管理図は，平均の変化を管理する $\bar{x}$ 管理図とばらつきを管理する R 管理図からなります．

手順1 管理特性を決め，管理図を選定する.

どの工程を管理する必要があるかを明らかにし，その工程管理のための特性を決めます．ここでは，特性値が計量値の場合の管理図である $\bar{x} - R$ 管理図を取り上げます．

手順2 サンプリング方法と群を決める.

管理図の作成にあたっては，ロットまたは群から必要な大きさのサンプルを取り，その測定値を打点します．例えば，1日のうちで作られた製品を1ロットまたは1つの群とする場合もあれば，これを午前と午後とに分けて群を構成し，それぞれサンプルを採取する場合もあります．サンプルの大きさやサンプリングの方法は，技術的な側面や管理図の種類，管理の時間間隔，経済性などを考慮して決定します．

手順3 データを採取する.

管理図における異常判定を行うための管理線を計算するために，例えば $k = 20\sim25$ 群のデータを取ります．各組のサンプル n の大きさは，4または5が用いられます．

手順4 データから各群ごとに**平均** $\bar{x}$ と**範囲** R を計算し，管理図に打点する.

$$平均\ \bar{x} = (\textstyle\sum_{i=1}^{n} x_i)/n, \quad R = (測定値の最大値) - (測定値の最小値)$$

手順5 データから管理線をそれぞれ計算し，管理図に記入する.

- $\bar{x}$ 管理図の中心線 (CL)：$\bar{\bar{x}} = (\sum_{j=1}^{k} \bar{x}_j)/k$
- R 管理図の中心線 (CL)：$\bar{R} = (\sum_{j=1}^{k} R_j)/k$
- $\bar{x}$ 管理図の管理限界：上側管理限界 UCL$= \bar{\bar{x}} + A_2\bar{R}$,
  下側管理限界 LCL$= \bar{\bar{x}} - A_2\bar{R}$

- R 管理図の管理限界：上側管理限界 UCL$= D_4 \bar{R}$,

    下側管理限界 LCL$= D_3 \bar{R}$

ここで係数 A_2, D_3[79], D_4 は，表 5.1 に示すように n によって決まる定数です．これら管理限界線の導出については，次節を参照してください．

[79] $n \leq 6$ の場合には下側管理限界 (LCL) は負の値をとるので，ゼロとみなしています．

手順 6　工程の安定性を検討する．

- 現状データによる管理図（解析用管理図）において工程が安定状態にあったかどうか，すなわち異常の有無を検討します．ここで異常とは，次のような場合をいいます．

    ・点が管理限界線の外に出たとき
    ・点が管理限界線の中にあるが，点の並び方に傾向があるとき
    ・その他，周期性や上昇・下降など，点の並び方に傾向があるとき

- 現状データによる管理図で異常が発見されたならば異常データに対する異常原因を追求し，再発防止の処置ができたらそのデータを取り除いて管理限界線を再計算します．異常原因が発見されない場合や発見されたとしても実行可能性という面で再発防止処置ができない場合には，管理限界線の再計算は行いません．

表 5.1 　$\bar{x} - R$ 管理図に関連した管理限界用係数

群の大きさ n	A_2	d_2	d_3	D_3	D_4
2	1.880	1.128	0.853	−	3.267
3	1.023	1.693	0.888	−	2.575
4	0.729	2.059	0.880	−	2.282
5	0.577	2.326	0.864	−	2.114
6	0.483	2.534	0.848	−	2.004
7	0.419	2.704	0.833	0.076	1.924
8	0.373	2.847	0.820	0.136	1.864
9	0.337	2.970	0.808	0.184	1.816
10	0.308	3.078	0.797	0.223	1.777

5.3 管理図の見方

$\bar{x} - R$ 管理図を作成する際，A_2 や D_3, D_4 といった係数が登場します．これらの意味を理解することが管理図を正しく見るために必要ですので，本節でまとめておきます．

通常，管理図限界線は **3 シグマ法** を用いて作成されています．この 3 シグマ法は，「対象としている統計量（$\bar{X}$ や R）が，平均から標準偏差の 3 倍以上離れる確率は非常に小さい」という性質に基づいています．

ここでは，母集団分布として正規分布 $N(\mu, \sigma^2)$ を仮定して，そこから n 個のデータ $X_1, X_2, \ldots, X_n$ をランダムに取り，標本平均 $\bar{X}$ の信頼区間を 3 シグマ法により構成します．標本平均 $\bar{X} \sim N(\mu, \sigma^2/n)$ なので，

$$\mu \pm 3 \times \sqrt{\frac{\sigma^2}{n}} = \mu \pm 3 \times \frac{\sigma}{\sqrt{n}} \tag{5.1}$$

を区間の端点とするとき，$\bar{x}$ の値がこれから外れる確率は 0.26% ということになります．特性値がその平均の周りに標準偏差の 3 倍以上離れることは 0.26% 程度なので，そのようなことが起きた場合には，「偶然原因ではない何か異常が発生した」と認識してアクションをとります．

いま，k 個の群（k 個の母集団）を設定して，それら k 個の群に違いがあるかどうかを考えます．1 つの群について，その母集団分布を正規分布 (μ_i, σ_i^2) であると仮定するとき，各群の中心位置に違いがあるかどうか，ばらつきに違いがあるかどうかを検討することになります．そのためには，それぞれの群より n 個のデータを採取して，標本平均 $\bar{x}_i$ と範囲 R_i, $i = 1, 2, \ldots, k$ を計算し，それらを比較します．

$\bar{x}$ の管理図は，そのばらつきの範囲を工程平均 $\bar{x}$ を用いて 3 シグマ法で規定すれば，管理限界線を

$$E[\bar{X}] \pm 3 \times \sqrt{\mathrm{Var}[\bar{X}]} = \mu \pm 3 \times \frac{\sigma}{\sqrt{n}} \tag{5.2}$$

によって引くことができます．次に R 管理図は，ばらつきの度合いの尺度として範囲 R を用いて構成します．統計量である R の期待値と分散は

$$E[R] = d_2\sigma, \quad \mathrm{Var}[R] = (d_3\sigma)^2 \tag{5.3}$$

となります．ここで d_2, d_3 は n によって決まる定数で，表 5.1 の **管理限界用**

係数表に値を掲載しています. これより, 打点する特性 R の期待値まわりの管理限界を 3 シグマ法により設定すると,

$$E[R] \pm 3 \times \sqrt{\mathrm{Var}[R]} = d_2\sigma + 3d_3\sigma = (d_2 \pm 3d_3)\sigma \tag{5.4}$$

によって引くことができます[80].

母数 μ と σ は未知なので, データの組 $(\bar{x}_1, R_1), (\bar{x}_2, R_2), \ldots, (\bar{x}_k, R_k)$ からモーメント法によって推定値を求めると, それぞれ

$$\hat{\mu} = \bar{\bar{x}} = \sum_{j=1}^{k} \bar{x}_j/k, \quad \hat{\sigma} = \bar{R}/d_2 = \sum_{j=1}^{k} R_j/kd_2 \tag{5.5}$$

となります. これより $\bar{x}$ 管理図については, (5.2) 式より

$$\bar{\bar{x}} \pm 3 \times \frac{\bar{R}}{d_2\sqrt{n}} = \bar{\bar{x}} \pm A_2\bar{R} \tag{5.6}$$

で与えられます. R 管理図については, (5.4) 式より

$$(d_2 \pm 3d_3)\hat{\sigma} = (d_2 \pm 3d_3) \times \frac{\bar{R}}{d_2} = \left(1 \pm 3 \times \frac{d_3}{d_2}\right)\bar{R} \tag{5.7}$$

となります. ここで $D_4 = 1 + 3d_3/d_2$, $D_3 = 1 - 3d_3/d_2$ とすれば, これらの値は表 5.1 に管理限界用係数として与えられています.

ここで, (5.7) 式には $\bar{\bar{x}}$ が含まれていないことに注意しましょう. 範囲 R の分布は, 母平均 μ とは統計的に独立であることを意味し, R 管理図は母標準偏差の情報のみによって検討することができます.

一方 $\bar{x}$ 管理図は, (5.6) 式からもわかるように, 管理限界線に $\bar{\bar{x}}$ と $\bar{R}$ の両方が含まれていることに注意してください. これより, ばらつきの尺度である範囲 R の挙動が不安定になると, $\bar{x}$ 管理図の管理限界線の意味をなさなくなってしまいます[81].

もし, k 個の群における母標準偏差に違いがないならば (どの群でもばらつきが同じならば), 工程における標本平均の変化は, 母平均の変化だけを反映していると考えることができるでしょう. 一方, 群によって母標準偏差に違いがあるなら, その違いは標本平均にも影響するでしょう.

工程管理の基本は, 技術的に意味のある群を設定し, **まずばらつきである範囲 R を安定化させてから, 次に平均の安定化を図る**ことです. これは, ロバスト設計における, SN 比を最大化にして平均を目標値に調整するという **2 段階設計法**と同じ指針であると言えます.

[80] これは, 範囲 R の**不偏推定量**を求めたものになっています. すなわち, R/d_2 は σ の不偏推定量です. 標本平均 $\bar{X}$ に関する不偏推定量を求める場合に比べて複雑であるため, 簡便化のために係数を用いた表現で記述しています.

[81] これは 2 つの正規母集団の比較で, 等分散性が成立していないのに平均値の比較をしているのと同じことです.

【例】 あるパンを製造している工程で，その重量を管理しているとします．ところが最近，焼き上がり重量がこれまで以上にばらつき，規格外れになる不適合品がみられるようになりました．そこで，表 5.2 のように 1 日あたり 4 個のサンプル $(n = 4)$ を採取し，$\bar{x} - R$ 管理図を作成して工程の管理状態を解析してみることにします．

表 5.2　管理図作成のための焼き上がり重量データ

No.	x_1	x_2	x_3	x_4
1	307	305	303	302
2	308	300	306	306
3	304	303	306	304
4	303	305	303	307
5	297	301	310	301
6	294	300	298	301
7	294	302	299	303
8	300	299	298	314
9	296	302	303	300
10	301	300	304	306
11	303	301	299	306
12	308	311	309	305
13	300	298	297	300
14	295	302	301	298
15	296	301	302	294
16	309	302	304	302
17	299	301	304	303
18	306	299	301	305
19	301	298	303	307
20	299	300	303	302

【解析結果】 1 組の群の大きさは 4 個なので，表 5.1 から管理限界用係数は，それぞれ $A_2 = 0.729$, $D_4 = 2.282$ となります．表 5.2 のデータより $\bar{\bar{x}} = 302.11$, $\bar{R} = 7.05$ と計算されるので，管理限界線は次のように求めることができます．
$\bar{x}$ 管理図の管理限界：
上側管理限界 UCL$= \bar{\bar{x}} + A_2\bar{R} = 302.11 + 0.729 \times 7.05 = 307.25$
下側管理限界 LCL$= \bar{\bar{x}} - A_2\bar{R} = 302.11 - 0.729 \times 7.05 = 296.98$
R 管理図の管理限界：
上側管理限界 UCL$= D_4\bar{R} = 2.282 \times 7.05 = 16.09$

これより $\bar{x}-R$ 管理図を描くと，図 5.2 のようになります．管理図から得られる情報は，異常値の有無と点の並び方から次の点が挙げられます．$\bar{x}$ 管理図については，組番号 12 に管理外れがあり，その原因を追及する必要があります．R 管理図については管理外れはないようですが，ばらつきが前半はやや大きく，後半は小さくなっているように見えます．前半と後半で層別して調査してみるとよいでしょう． □

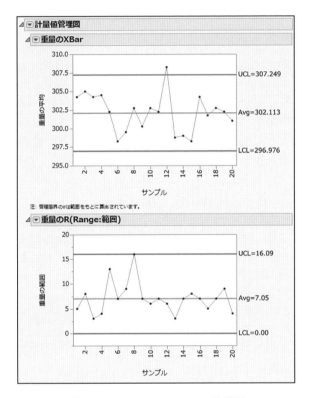

図 5.2　JMP による $\bar{x}-R$ 管理図

JMP を用いた $\bar{x}-R$ 管理図の作成

- メニューにある [分析] → [品質と工程] → [管理図] → [XBar] を選択すると，管理図作成用のダイアログが表示されます．ここで「XBar」と「R（Range：範囲）」にチェックが入っていることを確認してください．
- 「重量」を [工程] に，「サンプル」を [標本ラベル] に指定して [OK] ボタンをクリックすると，$\bar{x}-R$ 管理図が出力されます．

5.4 工程能力指数

■工程能力指数の推定

品質管理における工程の品質水準に対する指標として，次のような工程能力指数 (process capability index) C_p が広く用いられます．本書で説明する C_p は，まず品質特性の母集団分布として，正規分布 $N(\mu, \sigma^2)$ を仮定します．上側規格を S_U，下側規格を S_L とするとき，「規格幅と標準偏差を対比した量」である C_p は

$$C_p = \frac{S_U - S_L}{6\sigma} \tag{5.8}$$

で定義されます．ただしこの C_p は，母平均 μ が規格の中心 $(S_U - \mu = \mu - S_L)$ にある場合の指標となります．

母集団分布として正規分布を仮定すれば，C_p の値と不良率との間には次のような関係があります．ここで $Y \sim N(\mu, \sigma^2)$ とし，μ と規格との差が 3σ $(S_U - \mu = \mu - S_L = 3\sigma)$ のときの不良率を計算してみましょう．

まず，$\Pr\{Y < S_L\}$ と $\Pr\{Y > S_U\}$ を求めると，

$$\Pr\{Y < S_L\} = \Pr\left\{\frac{Y - \mu}{\sigma} < \frac{S_L - \mu}{\sigma}\right\} = \Pr\{Z < -3\} = 0.0013$$

$$\Pr\{Y > S_U\} = \Pr\left\{\frac{Y - \mu}{\sigma} > \frac{S_U - \mu}{\sigma}\right\} = \Pr\{Z > 3\} = 0.0013$$

となります．これより不良率は，

$$\Pr\{Y < S_L\} + \Pr\{Y > S_U\} = 2 \times 0.0013 = 0.0026$$

と求めることができます．一方，$S_U - S_L = 6\sigma$ のときには，$C_p = 1$ となります．よって，母集団分布が正規分布のときに $C_p = 1$ となっている場合は，不良率は 0.26% になることがわかります．同様に 4σ $(S_U - \mu = \mu - S_L = 4\sigma)$ に対応した工程能力指数は，$C_p = 1.33$（不良率 0.00633%）となります．

計量値データ $y_1, y_2, \ldots, y_n$ を取り，工程能力指数を計算してみましょう．**工程能力指数の点推定値**は，母標準偏差 σ の推定値である標本標準偏差 $\hat{\sigma} = s$ を用いて，

$$\widehat{C}_p = \frac{S_U - S_L}{6s} \tag{5.9}$$

で計算できます．

(5.8) 式は，厳密には母数なので**母工程能力指数** C_p と呼ばれ，(5.9) 式はその点推定値なので**標本工程能力指数** $\widehat{C}_p$ と呼ばれます．ただし，前後関係から明らかな場合には，単に工程能力指数といいます．また，この C_p は両側に規格があり，「母平均がねらい値（規格の中心）にある場合」または「母平均の調整が容易な場合」に用います．

工程能力は一般に工程能力指数 C_p を用いて，次のように判定します．

- $C_p \geq 1.33$ なら工程能力は十分ある．
- $1.00 \leq C_p < 1.33$ なら工程能力はそこそこある．
- $C_p < 1.00$ なら工程能力は不足している．

一方，小標本の場合，工程能力指数の点推定値が $\widehat{C}_p \geq 1.33$ を満たすからといって安心してはいけません．この標本工程能力指数は 1 つの統計量であり，それ自体がばらつきをもつことに注意してください．

小標本の場合には，点推定値と併せて**工程能力指数の信頼区間**も構成しておくとよいでしょう．C_p に対する信頼率 $1 - \alpha$ の信頼区間は，次式で与えられています（例えば，永田 (1992), p.94 を参照のこと）．

$$\left(\widehat{C}_p \sqrt{\frac{\chi^2(n-1, 1-\alpha/2)}{n-1}}, \ \widehat{C}_p \sqrt{\frac{\chi^2(n-1, \alpha/2)}{n-1}} \right) \tag{5.10}$$

ここで $\chi^2(n-1, \alpha)$ は，自由度 $n-1$ の χ^2 分布の上側 $100\alpha\%$ です．

【解析結果】 表 1.1 の品質特性である焼き上がり重量の 40 個のデータを用いて，工程能力指数 $\widehat{C}_p$ を算出してみましょう．ここで S_U および S_L を，それぞれ 305, 295 とします．標準偏差を計算すると $s = 4.09$ となるので

$$\widehat{C}_p = \frac{305 - 295}{6 \times 4.09} = 0.408$$

を得ます．

また，工程能力指数の 95% 信頼区間は

$$\left(\widehat{C}_p \sqrt{\frac{\chi^2(39, 1-0.05/2)}{39}}, \ \widehat{C}_p \sqrt{\frac{\chi^2(39, 1-0.05/2)}{39}} \right) = (0.318, 0.498)$$

で与えられ，ばらつきが大きく工程能力が不足している状況であることが確認できます．点推定値が 1.33 を満たしても，小標本の場合には信頼区間の幅も広がるので，信頼区間の下限値を確認して判定するとよいでしょう． □

> **JMP を用いた解析（工程能力指数）**
>
> - メニューの [分析] → [一変量の分布] を選択し，「焼き上がり重量」を [Y, 列] に指定して [OK] ボタンを押すと，ダイアログが表示されます．
> - **工程能力指数**：「焼き上がり重量」の横の三角ボタン ▽ を押して [工程能力分析] を選択すると，ダイアログが表示されます．その中の「下側仕様限界」「目標値」「上側仕様限界」にそれぞれ [295], [300], [305] と入力して [OK] ボタンをクリックすると，工程能力指数の点推定値 $\hat{C}_p$ および 95%信頼区間が図 5.3 のように表示されます．

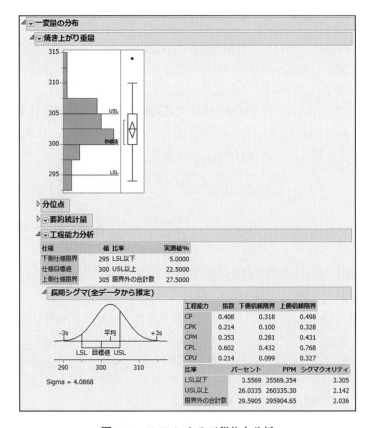

図 5.3　JMP による工程能力分析

6 実験計画法
―応答曲面法とロバスト設計―

　応答曲面法は，応答曲面を効率よく推測するための応答曲面計画と，得られた実験データを解析するための応答曲面解析からなります．

　応答曲面計画としては，実験回数を低減するために高次の交互作用を無視し，量的因子の2次の推定効率を上げる中心複合計画や最適計画などが知られています．一方，応答曲面解析では，応答と因子の関数関係として1次や2次モデルを仮定したBox流の応答曲面モデルにより，最適化を行います．

　本章では，満足度関数を用いた多特性最適化も扱い，さらに統計モデルによるロバスト設計についても解説します．

6.1 応答曲面法の基礎

応答曲面法 (RSM: Response Surface Methodology) は，制御因子が量的因子であることを積極的に活用し，応答 y と因子 $x = (x_1, x_2, \ldots, x_p)$ の関係を探る一連の方法です．

これまで述べた紙ヘリコプター実験では，制御因子を質的因子として扱い，分散分析により水準間の違いを判定しました．しかし，分散分析では有意性の判定はできるものの，どのような関係性があるかまでは教えてはくれません．例えば第3章の図3.3を見ると，因子 A の水準に関して下に凸となる2次曲線が仮定でき，その応答曲面として2次の回帰モデルを想定すれば，最小値を求めることも可能です．そこで本節では，応答と因子の関係として1次および2次モデルを取り上げ，それに適した実験計画として，中心複合計画 (CCD: Central Composite Design) を用いた応答曲面法を解説します．

■**紙ヘリコプター実験（2因子の場合）**

ここでは紙ヘリコプターを題材に，図6.1のように，2つの量的な制御因子を取り上げた場合の応答曲面法について説明します．

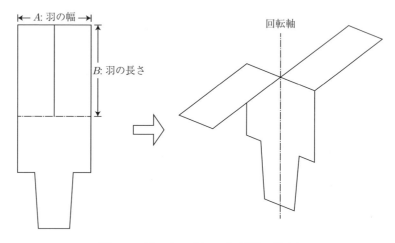

図 6.1　紙ヘリコプター（2因子の場合）

本実験では，紙ヘリコプターの飛行時間を長くする条件を探索するため，制御因子として羽の幅 A と羽の長さ B を取り上げ，中心複合計画に基づく応答曲面解析を行います．

■ **中心複合計画**

中心複合計画は, 応答 y と因子 $x = (x_1, x_2)$ の関係に **2 次の回帰モデル**

$$Y = \beta_0 + \beta_1 x_1 + \beta_2 x_2 + \beta_{12} x_1 x_2 + \beta_{11} x_1^2 + \beta_{22} x_2^2 + \varepsilon \quad (6.1)$$

を適合させる計画として広く用いられています[82].

母数 $\beta_0, \beta_1, \beta_2, \beta_{12}$ は, 例えば実験数が 4 の 2 水準系の 2 元配置実験を行えば, すべて推定可能となります. 次に, 母数 β_{11}, β_{22} の推定に関しては, それぞれの因子の**軸上点** (axial point) を $\alpha, -\alpha$ に設定し, 該当因子以外の水準を 0 に固定した実験を行えば, 推定可能となります. さらに 2 次項の推定だけでなく, モデルの妥当性を確認するため, すべての水準点が 0 である**中心点** (central point) を含めた実験を行います.

図 6.2 に 2 因子の中心複合計画を示します. 図より, 2 因子の中心複合計画は, 正方形の角上 $(x_1, x_2) = (-1, -1), (1, -1), (-1, 1), (1, 1)$, 中心点 $(x_1, x_2) = (0, 0)$, 軸上点 $(x_1, x_2) = (-1.414, 0), (1.414, 0), (0, -1.414), (0, 1.414)$ から構成されます. 軸上点に関して $\alpha = 1.414$ とすることで, 中心点を除くすべての点が中心点（原点）から等距離になっています.

このように中心複合計画は, 2 水準の完全実施要因計画, 軸上の点, 中心点での繰り返しを"複合"させることで, 実験領域内の水準点をバランスよく配置し, その応答曲面の推定を効率的に行うのに適した計画です[83].

[82] ただし x_1 および x_2 は, 平均を 0 に, 水準の範囲を $-1, 1$ になるように基準化しておきます.

[83] 軸上点の α に関しては**回転可能性**という性質がありますが, 実際には技術的な面を考慮して決めるとよいでしょう. また, 中心点の繰り返しに関しても, 4 つ程度が目安とされています. 例えば, Wu and Hamada (2009) の p.488 を参照してください.

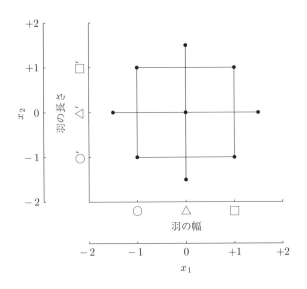

図 **6.2** 中心複合計画に基づく水準点

124　6　実験計画法—応答曲面法とロバスト設計—

実験計画とデータ採取

　本事例では，2つの量的な制御因子について，軸上点 $\alpha = 1.414$，中心点での繰り返し数を 4 とした，実験回数 12 の中心複合計画を用います．その実験計画による飛行時間の実験データを図 6.3 に示します．

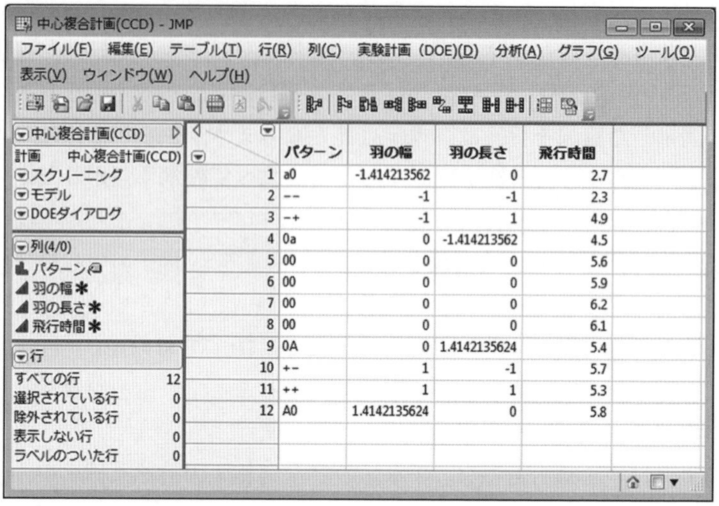

		パターン	羽の幅	羽の長さ	飛行時間
	1	a0	-1.414213562	0	2.7
	2	--	-1	-1	2.3
	3	-+	-1	1	4.9
	4	0a	0	-1.414213562	4.5
	5	00	0	0	5.6
	6	00	0	0	5.9
	7	00	0	0	6.2
	8	00	0	0	6.1
	9	0A	0	1.4142135624	5.4
	10	+-	1	-1	5.7
	11	++	1	1	5.3
	12	A0	1.4142135624	0	5.8

図 6.3　JMP による中心複合計画に基づく実験のデータ

JMP を用いた解析（中心複合計画に基づくデータセット作成）

- **中心複合計画**：メニューにある [実験計画 (DOE)] をクリックして，[古典的な計画]→ [応答曲面計画] を選択すると，中心複合計画のためのダイアログが表示されます．
- **応答**：「応答名」を [飛行時間] とし，目標は [最大化] を選択します．
- **因子**：因子名を「羽の幅」と「羽の長さ」に変更します．水準値は [−1], [1] のままで，[続行] ボタンをクリックします．
- **計画の選択**：本事例では実験回数を 10，中心点を 2 とした「中心複合計画 (CCD)」を選択し，[続行] ボタンをクリックします．
- **計画の表示と変更**：軸の値を [1.414]（回転可能），実験の順序を「左から右へ並べ替え」，中心での繰り返し（中心点の数）を 4 とします．最後に [テーブルの作成] ボタンをクリックすると，図 6.3 のような計画表が作成されるので，飛行時間の実験データをそれぞれ入力します．

【解析結果】 (6.1) 式の 2 次モデルを当てはめたときの予測モデルは,

$$\hat{y} = 5.950 + 1.023x_A + 0.434x_B - 0.863x_A^2 - 0.513x_B^2 - 0.750x_Ax_B \quad (6.2)$$

となります.このモデルの自由度調整済み寄与率は約 96.3%であり,適合度が高いこともわかります.図 6.4 を見ると,主効果や交互作用,2 次の効果も大きく,すべて 1%有意であることも確認できます.このとき,飛行時間を最大にする最適条件は,$x_A^* = 0.600, x_B^* = -0.015$ となります[84].これらの水準点と応答曲面のグラフを図 6.5 に示します.なお,点推定値と 95%信頼区間は,それぞれ 6.25, (5.97,6.54) となります. □

[84] (6.2) 式を因子 A と B でそれぞれ偏微分して 0 とおけば,飛行時間が最大となる水準点が求まります.

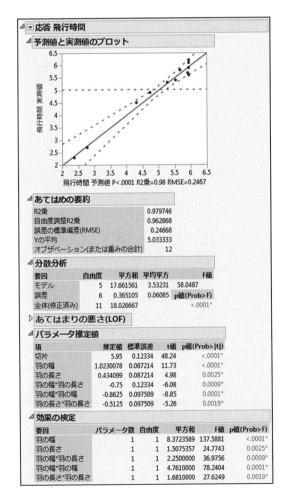

図 **6.4** JMP による重回帰分析

6　実験計画法―応答曲面法とロバスト設計―

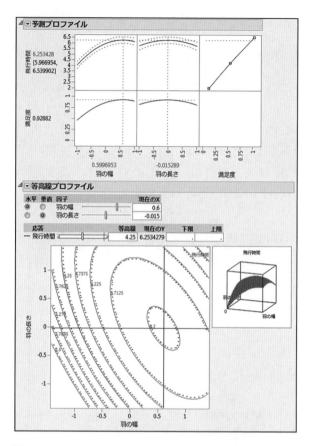

図 6.5　JMP による推定された最大点と等高線のグラフ

```
╭─ JMP を用いた解析（応答曲面解析と等高線プロファイル）─────
│
│ ● 応答曲面解析：メニューの [分析] → [モデルのあてはめ] を選択します．「飛行
│   時間」が [Y] となっており，「羽の幅」および「羽の長さ」に関する 2 次の回
│   帰モデルが選択されていることを確認します．次に，手法は [標準最小 2 乗]，
│   強調点は [要因のスクリーニング] を選択し，[実行] ボタンを押すと図 6.4 が出
│   力されます．
│ ● 満足度関数による最適化：「予測プロファイル」の横の赤いボタン ▽ をクリッ
│   クして [最適化と満足度] → [満足度の最大化] を選択すると，図 6.5 のように
│   最適条件およびその点推定値，95%信頼区間がそれぞれ表示されます．
│ ● 等高線プロファイル：「応答 飛行時間」の横の赤い三角ボタン ▽ をクリッ
│   クして，[因子プロファイル] → [等高線プロファイル] を選択します．図 6.5 は
│   「等高線プロファイル」の中の「水平」を羽の幅，「垂直」を羽の長さとし，「現
│   在の X」に最適条件 (0.6, −0.015) を入力したものです．
│
╰───────────────────────────────────────
```

6.2 応答曲面法—信号因子がある場合—

これまで述べてきた紙ヘリコプター実験では，多くの因子の中から「飛行時間をより長くする」ための要因を探索することが目的でした．これは，**望大特性**の最適化を意味しています[85]．一方，技術目標として紙ヘリコプターの速度が事前に不明なのでクリップをつけるなどして調整し，「設計後に指定された飛行時間に達するようにする」ということも考えられます．本節では，目標とする飛行時間がある場合に対して，入力である**信号因子**(signal factor)を導入し，さらに制御因子を量的因子とした場合の**応答曲面法**を解説します．

[85] 望大特性とは正値の特性で，その値が大きいほどよい特性のことです．

■紙ヘリコプター実験—信号因子がある場合の応答曲面法—
　紙ヘリコプターにおける機能（入出力関係）を考えます．出力である飛行時間を変えるものが入力であり，この場合にはクリップ数が相当します．クリップ数により飛行時間は単調に減少するため，これを信号因子とします．
　本実験の目的は，図6.6のように量的な制御因子を次の4因子2水準とし，さらに信号因子であるクリップの数を調整して，飛行時間が目標値○○（本事例では2［秒］）に一致するような最適条件を探索することです．ここで，目標値の調整に利用する（能動型）信号因子は，「線形効果または単調効果があるもの」が候補となります．

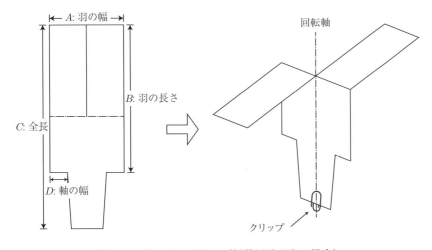

図 6.6　紙ヘリコプター（信号因子がある場合）

紙ヘリコプターの制御因子は

$$A：羽の幅 \quad A_1：\bigcirc, \quad A_2：\triangle \ [\text{cm}]$$
$$B：羽の長さ \quad B_1：\bigcirc, \quad B_2：\triangle \ [\text{cm}]$$
$$C：全長 \quad C_1：\bigcirc, \quad C_2：\triangle \ [\text{cm}]$$
$$D：軸の幅 \quad D_1：\bigcirc, \quad D_2：\triangle \ [\text{cm}]$$

であり，すべて**量的因子**とします．ここでは，これらの量的因子における第1水準を -1，第2水準を 1 とみなして解析を行います．また，信号因子をクリップ数とし，その水準数を $M_1：1, M_2：2, M_3：3 [個]$ とします．なお，統計モデルにおいては $1, 2, 3$ ではなく，$-1, 0, 1$ と中心化した値を用います．

制御因子が4因子2水準であるため，これらを表 6.1 のように内側直交表 L_8 に割り付けます．ここでは，交互作用 $A \times B$ の効果を確認するために，これが第3列に現れるような割り付けとなっています．さらに信号因子 M と特性 y の関係を探索するため，信号因子を外側に割り付けた直積実験データに対して応答曲面解析を行います[86]．

86) 量的な制御因子を取り上げた応答曲面解析は，実際には直交実験ではなく，JMP に搭載されている**カスタム計画**を用いて効率的に解析するとよいでしょう．

実験順序とデータの採取

本事例の実験順序について確認します．全部で $8 \times 3 = 24$ 回の飛行実験を行いますが，それらすべてを完全無作為化にするのは現実的ではありません．L_8 が規定する8通りの処理条件については無作為化し，その各処理条件のもとで，信号因子であるクリップの数を無作為化した**分割実験**とします[87]．こうして得られた紙ヘリコプター実験のデータを表 6.1 に示します．

87) 分割実験とは，本事例のように完全無作為化実験が困難な場合に行われる実験です．このとき，データへの誤差（1次誤差・2次誤差）の入れ方が完全無作為化実験とは異なるため，結果として分散分析表も多少違ってきます．厳密には，誤差を吟味し，分割実験に対応した解析を行うべきですが，ここでは従来の方法で解析を行っています．

表 6.1 信号因子を含む紙ヘリコプターの実験データ

No.	A 1	B 2	3	C 4	5	6	D 7	M_1	M_2	M_3
1	1	1	1	1	1	1	1	4.17	2.41	1.47
2	1	1	1	2	2	2	2	2.38	1.39	0.84
3	1	2	2	1	1	2	2	4.26	1.75	0.87
4	1	2	2	2	2	1	1	4.00	2.02	1.32
5	2	1	2	1	2	1	2	5.41	2.22	1.47
6	2	1	2	2	1	2	1	1.61	1.23	1.06
7	2	2	1	1	2	2	1	3.70	2.00	1.48
8	2	2	1	2	1	1	2	2.60	1.22	0.90

実験データのグラフ化

実験データを採取したら，現状を把握するために生データのグラフ化を行います．図 6.7 のように y（飛行時間）を縦軸，M（クリップ数）を横軸として 8 枚のグラフを作成します．クリップの数が増すと紙ヘリコプターの落下スピードが速くなるため，その数に対して飛行時間は単調減少関数になっていることがわかります．

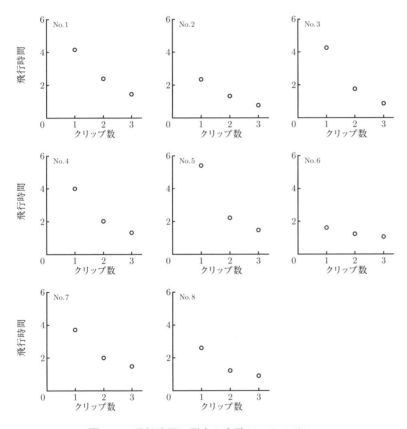

図 6.7 飛行時間に関する実験データのグラフ

■応答関数モデル

紙ヘリコプターの実験では，信号因子 M であるクリップの数を増やすと，スピードに比例して飛行時間 y の逆数 $1/y$ が大きくなります．ここでは $1/y$ を y' とおき，その入出力関係として次の比例式を採用します．

$$y' = \beta_0 + \beta_1 M \tag{6.3}$$

さらに，切片 $\beta_0(x)$ および傾き $\beta_1(x)$ が制御因子 $x = (x_1, x_2, \ldots, x_p)$ の関数であることに注意し，次の切片のある 1 次式モデルを仮定します．

$$Y' = \beta_0(x) + \beta_1(x)M + \varepsilon, \quad \varepsilon \sim N(0, \sigma^2) \tag{6.4}$$

これは，**応答関数モデル** (response function model) とも呼ばれています．

応答と因子の関係を表現する切片および傾き $\beta(x_1, x_2, \ldots, x_p)$ については，理論的には $x_1, x_2, \ldots, x_p$ のどのような関数型でも考えることができます．しかしながら実験を行う場合には，$x_1, x_2, \ldots, x_p$ について局所的な領域に興味があるので，ここではそれぞれの切片および傾きに対して，制御因子間の交互作用を含んだ **1 次モデル** (first-order model)

$$\beta(x_1, x_2, \ldots, x_p) = a_0 + \sum_{i=1}^{p} a_i x_i + \sum_{1 \le i < j \le p} a_{ij} x_i x_j \tag{6.5}$$

を仮定し，それぞれ推定された回帰式を求めます．

S-RPD を用いた解析（データセットの作成とグラフ化）

- **データセットの作成**：[アドイン] の [S-RPD] → [テーブル] → [計画の作成] を選択し，直積配置のデータセットを作成します．
- **出力の設定**：「特性値の名称」を飛行時間の逆数である [1/飛行時間] とし，その仕様下限と上限に 0.5 [1/秒] とそれぞれ入力します．
- **信号因子の設定**：「計画表」を [1 因子] とし，因子の水準を [3] に設定します．「因子名」を [クリップ数]，水準を [1], [2], [3] とします．
- **入出力の関係**：[1 次] を選択し，切片のある 1 次式モデルを仮定します．
- **制御因子の計画**：「計画表」は直交表 [$L_8(2^4)$] を選択します．「割付」ボックスにチェックを入れ，「因子名」は上から A, B, C, D とします．「タイプ」はすべて量的因子で，第 1 水準を [-1]，第 2 水準を [1] とします．
- **誤差因子の計画**：「誤差因子」の計画表で [なし] を選択します．
- **実験の計画**：これらをすべて入力した後，[計画の作成] ボタンをクリックすると，信号因子がある場合の直積配置実験のデータテーブルが生成されるので，そこに飛行時間を逆数変換した実験データを入力します．
- **データのグラフ化**：メニューにある [アドイン] の [S-RPD] → [グラフ] → [推移/回帰プロット] を選択することで，図 6.8 のように，実験 No. ごとの飛行時間を逆数変換したデータと推定された 1 次式が表示されます．さらに「重ね合わせ」の横の三角ボタンをクリックすると，すべての実験の回帰直線が重ねて表示されます．なお，一番下の「数値表」の横の三角ボタンを押すと，実験 No. および偏回帰係数（切片および傾き）の推定値，寄与率，誤差の標準偏差 (RMSE) が表示されます（表 6.2）．

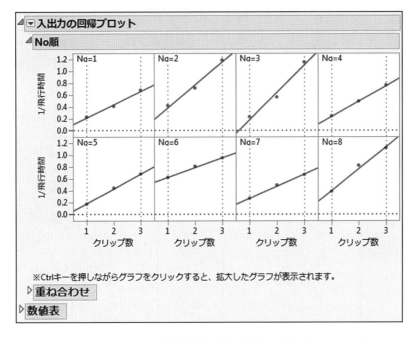

図 6.8　S-RPD による飛行時間を逆数変換した実験データのグラフ

【解析結果】応答関数モデリングを行うために，まず制御因子が規定する処理条件ごとに，モデル式における母数の推定値を計算します．ここで，切片 $\beta_0(x)$ および傾き $\beta_1(x)$ の推定値は，それぞれ

$$\widehat{\beta}_1 = \frac{\sum_{j=1}^{m}(y_j - \bar{y})(M_j - \bar{M})}{\sum_{j=1}^{m}(M_j - \bar{M})^2}, \quad \widehat{\beta}_0 = \bar{y} - \widehat{\beta}_1 \bar{M} \tag{6.6}$$

によって与えられます．その結果を表 6.2 に示します[88]．

表 6.2　$\widehat{\beta}_i$ の水準別の推定値

No.	$\widehat{\beta}_0$	$\widehat{\beta}_1$
1	0.45	0.22
2	0.78	0.38
3	0.65	0.46
4	0.50	0.26
5	0.44	0.25
6	0.79	0.16
7	0.48	0.20
8	0.77	0.37

[88] ここで，元の信号因子の水準に対して中心化変換 $M_{1\#} : -1, M_{2\#} : 0, M_{3\#} : 1$ を施して解析を行っていることに注意してください．

[89) 本書では，中心化変換したものに対する切片を「中心化切片」と呼びます．

次に，中心化切片 $\widehat{\beta}_0$ および傾き $\widehat{\beta}_1$ に影響する因子を特定します[89]．図 6.9 に，それぞれ $\widehat{\beta}_i$ に対して主効果のみの**半正規プロット** (half-normal plot) を示します．$\widehat{\beta}_0$ の半正規プロットを見ると，効果の大きな因子は C です．また，$\widehat{\beta}_1$ に対して効果が大きい因子は A, B, D です．

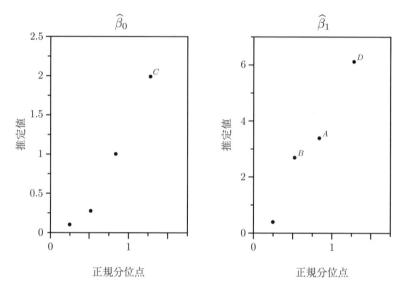

図 6.9 $\widehat{\beta}_0$ および $\widehat{\beta}_1$ に関する半正規プロット

これより，半正規プロットに基づく変数選択後の予測モデルは，

$$\widetilde{\beta}_0 = 0.6075 + 0.1033 x_C \tag{6.7}$$

$$\widetilde{\beta}_1 = 0.2866 - 0.0422 x_A + 0.0334 x_B + 0.0766 x_D \tag{6.8}$$

で与えられます．これら (6.7) 式および (6.8) 式の自由度調整済み寄与率は，それぞれ約 40.6%, 約 91.0% となります．$\widetilde{\beta}_0$ は，$\widetilde{\beta}_1$ に比べてモデル適合度がかなり低いのですが，ここではシンプルなモデルを採用しています．

表 6.3 に変数選択後の分散分析表を示しておきます．

表 6.3 (a) 変数選択後の中心化切片 $\widetilde{\beta}_0$ に対する分散分析表

要因	平方和	自由度	平均平方	F 値	p 値	R^2
C	0.0854	1	0.0854	5.7803	0.0530	40.58
モデル	0.0854	1	0.0854	5.7803	0.0530	40.58
e	0.0887	6	0.0148			59.42
T	0.1741	7				

表 6.3(b)　変数選択後の傾き $\widetilde{\beta}_1$ に対する分散分析表

要因	平方和	自由度	平均平方	F 値	p 値	R^2
A	0.0142	1	0.0142	14.568	0.0188	17.92
B	0.0089	1	0.0089	9.152	0.0390	10.77
D	0.0469	1	0.0469	47.982	0.0023	62.06
モデル	0.0701	3	0.0234	23.901	0.0051	90.75
e	0.0039	4	0.0010			9.25
T	0.0740	7				

　表 6.3 (a) を見ると，切片 $\widetilde{\beta}_0$ に関しては因子 C の効果が大きく，ほぼ 5% 有意であることが確認できます．次に表 6.3 (b) より，傾き $\widetilde{\beta}_1$ に対しては因子 D が 1% 有意，因子 A, B が 5% 有意で効果の大きい因子となっています．

■応答関数モデルに基づく最適化

　応答関数モデルによる最適化は，中心化切片 $\beta_0(x)$ および傾き $\beta_1(x)$ に関する予測モデルを用いて，制御因子の最適水準を決定することが目的となります[90]．本事例の目的は，$\beta_0(x)$ を目標値 β_T に一致させ，傾き $\beta_1(x)$ をなるべく急にすることです．傾きを急にすることができれば，信号因子であるクリップ数を少なくすることができ，経済的にも効果があります．

　ここでは，次のような最適化問題を考えます．なお，(ii) の **調整因子** とは，傾きに依存せず，切片のみに影響がある因子のことです．

(i) 制御因子において，傾きを最急にする水準の組み合わせを見いだす．

(ii) 調整因子により，中心化切片を目標値に合わせる．

【解析結果】　まず，第 1 段階で傾き β_1 を最急にする制御因子の最適条件を探索します．(6.8) 式で与えられる予測式より，$x_A^* = -1, x_B^* = 1, x_D^* = 1$ とすれば傾きは最急になることがわかります．次に (6.7) 式を見ると，調整因子 C により目標値 2 秒の逆数である 0.5 [1/秒] に近づけるようにするためには，$x_C^* = -1$ とすればよいことがわかります．これより最適水準は，

$$x_A^* = -1, \, x_B^* = 1, \, x_C^* = -1, \, x_D^* = 1$$

となります．このとき，切片の推定値は 0.504 でほぼ目標値 0.5 に一致し，傾きの推定値は 0.439 となっています．なお図 6.10 より，信号因子であるクリップ数によって目標値へと調整する場合には，クリップを 2 個ほど付けるとよいことがわかります．　　　□

90) 切片のある 1 次式を想定した場合には，傾きだけでなく，切片も同時に満たす制御因子の最適水準を決定しなければなりません．

> **S-RPD を用いた解析（応答関数モデルに基づく最適化）**
>
> - **効果のある因子の視覚化**：メニューの [アドイン] の [S-RPD] → [分析] → [モデリング] → [応答（関数）モデル/分散分析] をクリックすると，寄与率 R^2 および自由度調整済み寄与率 R^{*2} のグラフが表示されます．その下部に制御因子に効果のある因子が p 値を規準に分類され，視覚化できるようになっています．デフォルトでは，自由度調整済み寄与率 R^{*2}（追加・除去の規準を 0.01）となっていますが，変更する場合には「予測式の確認」→「変数選択」の [R^{*2}] を選択すると規準を設定できます．R^{*2} の他にも，p 値や情報量規準 AIC, BIC なども選択できるようになっています．
> - **半正規プロットによる変数選択**：半正規プロットを見ながら手動で変数選択をする場合には，「変数選択」における要因（因子）のボックスに直接チェックを入れると良いでしょう．ここでは，中心化切片に関しては因子 C を，傾きに関しては因子 A, B, D を選択しています．
> - **中心化偏回帰係数**：変数選択後の中心化切片および傾きの偏回帰係数の推定値は，「中心化偏回帰係数」の横の三角ボタンを押すと表示されます．(6.7) 式および (6.8) 式は，これらをもとに定式化したものです．ここで後ほど最適化を行うために，[応答（関数）モデリング/分散分析] → [予測変数の保存] をクリックし，データテーブルに保存しておきます．
> - **最適化**：メニューの [アドイン] の [S-RPD] → [分析] → [最適化] をクリックします．まず，「中心化切片」の「目標」を [目標値に合わせる] とし，目標値 [0.5] をそれぞれ入力します．次に，「傾き」の「目標」で [最大化] を選択し，[最適化] ボタンをクリックすると，図 6.10 のように制御因子の最適条件が表示されます．さらに，切片および傾きの推定値が表示され，その右側に最適化後の推定式がグラフ化されます．

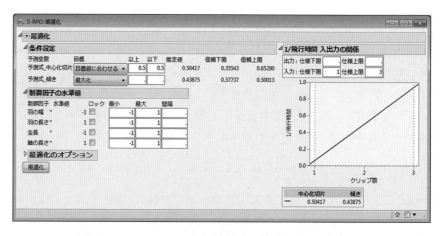

図 6.10　S-RPD による応答関数モデルに基づく最適化

6.3　ロバスト設計―信号因子がある場合―

　紙ヘリコプターの飛行時間は，羽の長さや幅などに加え，ユーザがどのような種類の紙を使用したかによって変わり，また飛ばし方や実験室内の気流の変化などにも影響されます．このようにユーザが使用する場は，必ずしも設計者が指定した標準条件に従うわけではありません．本節では「ユーザがどのような種類の紙を用いても安定的な飛行時間を確保できる」ようになること，言い換えると「ユーザのどのような使用環境条件に対してもロバストな設計を行う」ことが目的です[91]．

91)　ロバスト設計では，必ず**誤差因子** (noise factor) を取り上げます．誤差因子とはユーザの利用の場では制御不可能であるが，実験の場ではシミュレート可能な因子のことです．

■紙ヘリコプター実験―ロバスト設計―

　紙ヘリコプターにおける機能（入出力関係）は，ある飛行時間で安定的に落下することです．6.2節と同様に，出力を飛行時間として，入力をクリップ数とします．さらに本事例では，誤差要因として紙の種類を取り上げ（例えば薄紙と厚紙），それらに対して紙ヘリコプターの性能が安定するような設計が求められます．

　本実験の目的は，図6.11のように量的な制御因子を4因子とし，信号因子であるクリップ数や制御因子の水準を調整して，飛行時間を目標値○○（本事例では2[秒]）に一致させ，さらに誤差因子である紙の種類にかかわらず，安定するような最適条件を求めることです．

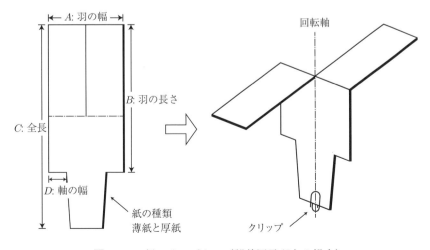

図 6.11　紙ヘリコプター（誤差因子がある場合）

紙ヘリコプターの制御因子（量的因子）を

A：羽の幅　　A_1：○，　A_2：△ [cm]

B：羽の長さ　B_1：○，　B_2：△ [cm]

C：全長　　　C_1：○，　C_2：△ [cm]

D：軸の幅　　D_1：○，　D_2：△ [cm]

とし，表 6.4 のように L_8 直交表に割り付けます．ここでは，これらの水準を量的因子の水準値（第 1 水準を -1，第 2 水準を 1）とみなして解析します．

誤差因子 N を紙の種類とし，N_1：薄紙，N_2：厚紙 とします．特性 y の出力を目標値に一致させるために用いる信号因子 M は，クリップの数です．入力である信号因子の水準は

$$M_1：1，\quad M_2：2，\quad M_3：3 \text{ [個]}$$

のように，クリップ数が等間隔になるように 3 水準に設定しています．

実験計画とデータの採取

本実験では，表 6.4 に示すように，4 つの制御因子を内側直交表 L_8 に割り付け，その外側に信号因子と誤差因子を 2 元配置で割り付けます．ここで，実験順序について確認しておきます．全部で $8 \times 3 \times 2 = 48$ 回の飛行実験を行いますが，そのすべてに対する完全無作為化は現実的ではありません．L_8 が規定する 8 通りの処理条件については無作為化し，その各処理条件のもとで，クリップ数と紙の種類の組み合わせである 6 条件を無作為化とした**分割実験**を行います．

表 6.4 信号因子と誤差因子を含む飛行時間の実験データ

No.	A 1	B 2	3	C 4	5	6	D 7	M_1 N_1	N_2	M_2 N_1	N_2	M_3 N_1	N_2
1	1	1	1	1	1	1	1	6.67	3.03	3.23	1.92	1.72	1.28
2	1	1	1	2	2	2	2	2.63	2.17	1.45	1.33	0.90	0.79
3	1	2	2	1	1	2	2	4.55	3.57	2.08	1.96	1.69	1.08
4	1	2	2	2	2	1	1	9.09	2.63	2.70	1.30	1.05	0.74
5	2	1	2	1	2	1	2	5.56	5.26	2.38	2.08	1.54	1.41
6	2	1	2	2	1	2	1	2.56	1.54	1.54	1.02	1.22	0.93
7	2	2	1	1	2	2	1	11.11	2.22	4.55	1.28	2.04	1.16
8	2	2	1	2	1	1	2	5.26	1.72	1.69	0.95	0.99	0.82

実験データのグラフ化

実験データを採取後は，現状把握を行うために生データをグラフ化することが大切です．図 6.12 のように y（飛行時間）を縦軸，M（クリップの数）を横軸として，8 枚のグラフを作成します．

図 6.12 を見ると，8 通りの処理条件において実験 No.2, 5 は誤差因子の影響をほとんど受けておらず，よい条件であることが確認できます．すべての条件で N_1 より N_2 のほうが値が小さく，そのばらつき（誤差因子間の乖離）はクリップ数が 2 個以上になると急速に小さくなっていることがわかります．また，信号因子 M であるクリップ数に対して，「飛行時間の単調減少関数である」ということも確認できます．

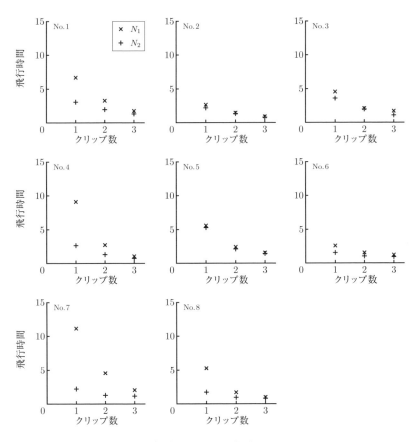

図 6.12 飛行時間に関する実験データのグラフ

■統計モデルによるロバスト設計

紙ヘリコプターの実験では，信号因子 M であるクリップの数を増やすと，誤差因子に関係なく，スピードに比例して飛行時間 y は単調に短くなります．ここでは，6.2 節と同様に $1/y$ を y' とおき，その入出力関係として (6.3) 式で与えられる比例式を採用します．

信号因子 M を既知定数とし，次のような切片のある 1 次式モデル[92]

$$Y' = \beta_0(x, N) + \beta_1(x, N)M + \varepsilon, \quad \varepsilon \sim N(0, \sigma^2) \tag{6.9}$$

を想定します．これは**応答関数モデル**とも呼ばれています．ここで，切片 $\beta_0(x, N)$ および傾き $\beta_1(x, N)$ は，制御因子 $x = (x_1, x_2, \ldots, x_p)$ と誤差因子 N の関数であることに注意してください．

母数 $\beta_i(x, N), i = 0, 1$ については，平均パート $L_i(x)$ と乖離パート $D_i(x)$ とに分割します．さらに，1 因子 2 水準の誤差因子 N_k に対応させたダミー変数 $z (= \pm 1)$ を用いて表すと，

$$\beta_{ik}(x, N_k) = L_i(x) + D_i(x)z \tag{6.10}$$

となります．ダミー変数は誤差因子が第 1 水準 N_1 のときは $z = 1$ とし，第 2 水準 N_2 のときは $z = -1$ としています．ここで，$L_i(x)$ および $D_i(x)$ には，(6.5) 式で与えられる 1 次モデルを仮定します．

以上により，1 因子 2 水準の誤差因子 $N_k, k = 1, 2$ に対応する母数 $\beta_{ik}(x, N_k)$ の推定式を求めます．ただし，$\beta_{ik}(x, N_k)$ は β_i の「制御因子 x と誤差因子 N_k の関数」であることに注意してください．

まず，制御因子が規定する処理条件で，誤差因子の水準 k 別に各母数の推定値を

$$\widehat{\beta}_{1k} = \frac{\sum_{j=1}^{m}(y_{jk} - \bar{y})(M_j - \bar{M})}{\sum_{j=1}^{m}(M_j - \bar{M})^2}, \quad \widehat{\beta}_{0k} = \bar{y} - \widehat{\beta}_{1k}\bar{M} \tag{6.11}$$

で計算します．

これら $\widehat{\beta}_{ik}$ を解析特性とみなし，推定式された回帰式を求めると，

$$\widetilde{\beta}_{ik}(x, N_k) = \widetilde{L}_i(x) + \widetilde{D}_i(x)z \tag{6.12}$$

のように表現できます．ただし，取り上げた制御因子や交互作用すべてに効果があるわけではなく，適宜，半正規プロットやステップワイズ回帰によって効果のある因子を選択し，モデルを決定します．

---

[92] **タグチメソッド**では，再現性のない誤差変動が支配する状況は，ロバスト設計の「あるべき姿」とはされていません．しかし，実験に取り上げなかった残存誤差因子や測定誤差も多く存在するため，(6.9) 式はそれらを考慮したモデルとなっています．なお，切片のないゼロ点比例式モデルを想定したロバスト設計については，河村敏彦 (2015)：『製品開発のための統計解析入門』（近代科学社）の第 4 章を参照してください．

─ S-RPD を用いた解析（データセットの作成とグラフ化）─

- **データセットの作成**：[アドイン] の [S-RPD] → [テーブル] → [計画の作成] を選択し，直積配置のデータセットを作成します．
- **出力の設定**：「特性値の名称」を飛行時間の逆数である [1/飛行時間] とし，その仕様下限と上限に 0.5 [1/秒] とそれぞれ入力します．
- **信号因子の設定**：「計画表」を [1 因子] とし，因子の水準を [3] に設定します．「因子名」を [クリップ数]，水準を [1], [2], [3] とします．
- **入出力の関係**：[1 次] を選択し，切片のある 1 次式モデルを仮定します．
- **制御因子の計画**：「計画表」は直交表 $[L_8(2^4)]$ を選択し，「割付」ボックスにチェックを入れ，「因子名」は上から A, B, C, D とします．「タイプ」はすべて量的因子で，第 1 水準を [−1]，第 2 水準を [1] とします．
- **誤差因子の計画**：「計画表」の中の [1 因子] を選択し，「因子の水準数」に [2] と入力します．「割付」にチェックを入れ，「因子名」に [紙の種類] と入力します．タイプは [質的] を選択し，水準をそれぞれ N_1, N_2 とします．
- データに繰り返しがある場合には [オプション] をクリックし，「実験の繰り返し数」「サンプルの繰り返し数」を入力してください．これらをすべて入力した後，[計画の生成] ボタンを押すとデータセットが生成されるので，そこに実験データを入力します．
- **データのグラフ化**：[アドイン] の [S-RPD] → [グラフ] → [推移/回帰プロット] を選択することで，図 6.13 のように実験 No. ごとのデータと回帰直線が誤差因子の水準別に表示されます．

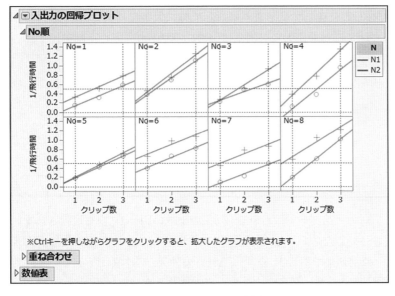

図 6.13　S-RPD による飛行時間を逆数変換したデータのグラフ

【解析結果】準備として，まず中心化切片 $\widehat{\beta}_0$ および傾き $\widehat{\beta}_1$ に影響する因子を特定します．図 6.14 に，それぞれ $\widehat{\beta}_i$ に対する**半正規プロット**を示します．

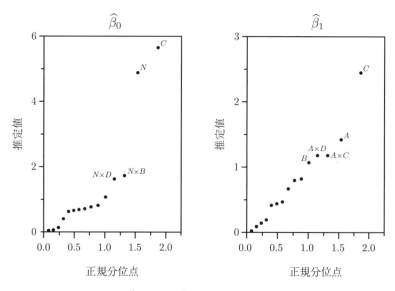

図 6.14 $\widehat{\beta}_0$ および $\widehat{\beta}_1$ に関する半正規プロット

図 6.14 の $\widehat{\beta}_0$ に関する半正規プロットを見ると，平均に対して効果の大きな因子は C であり，因子 B, D は乖離に対して効果が大きいことがわかります．次に $\widehat{\beta}_1$ に関しては，乖離に対して特に大きな効果はありません．一方，平均に対する効果が大きい因子は A, B, C であり，また，制御因子間の交互作用 $A \times C, A \times D$ の効果が大きいこともわかります．

これより，変数選択後の予測モデルは，次式で与えられます．

$$\widetilde{\beta}_0 = 0.604 - 0.001 x_B + 0.137 x_C + 0.018 x_D$$
$$+ (-0.119 - 0.042 x_B + 0.039 x_D) z \tag{6.13}$$
$$\widetilde{\beta}_1 = 0.292 - 0.035 x_A + 0.027 x_B + 0.061 x_C + 0.020 x_D$$
$$- 0.029 x_A x_C + 0.029 x_A x_D \tag{6.14}$$

なお，$\widetilde{\beta}_0$ の平均パートにおいて，効果の小さい因子 B, D も選択されている点に注意してください．ここでは，交互作用 $N \times B, N \times D$ の効果が大きいため，その主効果である B, D も（それらの効果が小さくても）モデルに含めています．(6.13) 式，(6.14) 式の自由度調整済み寄与率は約 90.6%，約 80.0% となり，$\widetilde{\beta}_1$ は $\widetilde{\beta}_0$ に比べてややモデル適合度が低いことがわかります．

表 6.5 に，変数選択後の分散分析表をそれぞれ示しておきます.

表 6.5 (a)　変数選択後の中心化切片 $\widetilde{\beta}_0$ に対する分散分析表

要因	平方和	自由度	平均平方	F 値	p 値	R^2
B	0.0000	1	0.0000	0.003	0.9585	0.00
C	0.3007	1	0.3007	77.481	<.0001	47.95
D	0.0054	1	0.0054	1.386	0.2693	0.24
N	0.2256	1	0.2256	58.142	<.0001	35.83
$N \times B$	0.0278	1	0.0278	7.158	0.0254	3.86
$N \times D$	0.0245	1	0.0245	6.325	0.0330	3.34
モデル	0.5840	6	0.0973	25.083	<.0001	91.22
e	0.0349	9	0.0039			8.78
T	0.6189	15				

表 6.5 (b)　変数選択後の傾き $\widetilde{\beta}_1$ に対する分散分析表

要因	平方和	自由度	平均平方	F 値	p 値	R^2
A	0.0200	1	0.0200	10.585	0.0099	12.79
B	0.0113	1	0.0113	5.989	0.0369	6.66
C	0.0594	1	0.0594	31.521	0.0003	40.73
D	0.0066	1	0.0066	3.502	0.0941	3.34
$A \times C$	0.0135	1	0.0135	7.170	0.0253	8.23
$A \times D$	0.0135	1	0.0135	7.170	0.0253	8.23
モデル	0.1243	6	0.0207	10.989	0.0010	79.98
e	0.0170	9	0.0019			20.02
T	0.1412	15				

■応答関数モデルによる最適化

　一般に，応答関数モデルによる最適化は，次のように平均（期待値）および分散を用いた **2 段階設計法** (two-step procedure) として知られています.

(i) 全母数に対し，分散を最小化する条件を制御因子の水準組み合わせで見いだす.

(ii) 調整因子により，中心化切片および傾きの平均を目標値に合わせる.

　これらの最適化問題を定式化すると，まず切片 $\beta_0(x, N)$ および傾き $\beta_1(x, N)$ の誤差因子 N に関する分散 $\mathrm{Var}_N[\beta_0(x, N)]$，$\mathrm{Var}_N[\beta_1(x, N)]$ を最小化します[93]. これら分散 $\mathrm{Var}_N[\beta_i(x, N)]$ の最小化は，それぞれ $\beta_i(x, N)$ に対応する乖離パート $D_i(x)$ の絶対値を最小化することと等価です.

[93] 誤差因子 N の確率分布として $\mathrm{Pr}\{N_1 = 1\} = 1/2$，$\mathrm{Pr}\{N_2 = -1\} = 1/2$ の離散型の 2 点分布を仮定しておきます.

第1段階で，ばらつきが最小となるような制御因子の最適水準を決定し，これらの水準値を固定します．次に，切片と傾きの期待値（平均）$E_N[\beta_i(x,N)]$ をある決められた目標値 β_{T_i} に近づける（あるいは最大化，最小化する）ような水準値を決定します．

切片のある1次式の場合には，傾きと切片の「2つの母数の組」によって，回帰直線間の乖離を減衰します．もし，切片と傾きのいずれか一方において，誤差要因の影響を減衰させたときに同時に他方を減衰できない場合は，注意が必要です．また，本事例のように，直交表に割り付けた制御因子が乖離パートを減衰する因子と調整用の因子（調整因子）に分離できないときには，2段階設計法は破綻します[94]．このような場合には，次のような**1段階設計法**により最適化を行います．

【解析結果】本事例では，切片 $\beta_0(x,N)$, 傾き $\beta_1(x,N)$ の分散 $\text{Var}_N[\beta_0(x,N)]$（中心化切片の乖離パート），$\text{Var}_N[\beta_1(x,N)]$（傾きの乖離パート）を最小化します[95]．さらに，傾きの期待値 $E_N[\beta_1(x,N)]$（傾きの平均パート）を最大化し，切片の期待値 $E_N[\beta_0(x,N)]$（中心化切片の平均パート）が目標値2秒の逆数である $0.5 [1/秒]$ に一致するような制御因子の最適水準値 x^* を求めます．これら最適化問題を1段階設計法により解くと，解の1つとして次のような最適水準値が得られます． □

$$x_A^* = 1,\ x_B^* = -1,\ x_C^* = -0.897,\ x_D^* = 1$$

[94] 一般に，平均パートに効果が大きい因子は，乖離にも効果をもつことが多いことが知られています．

[95] ただし本事例では，「傾きの乖離パート」における効果の大きな因子は選択されてないので，最適化には影響されません．

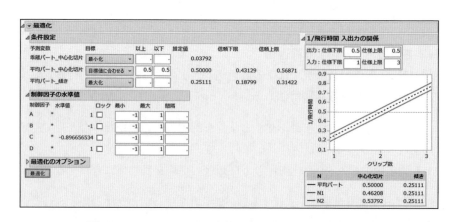

図 **6.15** S-RPD による応答関数モデルに基づく最適化

6.3 ロバスト設計—信号因子がある場合—

S-RPD を用いた解析（応答関数モデリングによる最適化）

- **効果のある因子の視覚化**：メニューの [アドイン] の [S-RPD] → [分析] → [モデリング] → [応答（関数）モデル/分散分析] をクリックすると，寄与率 R^2 および自由度調整済み寄与率 R^{*2} のグラフが表示されます．その下部に制御因子に効果のある因子が p 値を規準に分類され，視覚化できるようになっています．デフォルトでは，自由度調整済み寄与率 R^{*2}（追加・除去の規準を 0.01）としているので，変更する場合には「予測式の確認」→「変数選択」の [R^{*2}] を選択して規準を設定します．R^{*2} の他にも，p 値や情報量規準 AIC, BIC なども選択できるようになっています．

- **半正規プロットによる変数選択**：半正規プロットを見ながら手動で変数選択をする場合には，「変数選択」における要因（因子）のボックスに直接チェックを入れるとよいでしょう．ここでは，効果の大きな因子を 4 ないし 5 個選択しています．

- **中心化偏回帰係数**：変数選択後の中心化切片および傾きの偏回帰係数は，「中心化偏回帰係数」の横の三角ボタンを押すと表示されます．(6.13) 式および (6.14) 式は，これらをもとに定式化したものです．ここで，後ほど最適化を行うために [応答（関数）モデリング/分散分析]→ [予測変数の保存] をクリックし，データテーブルに保存しておきます．

- **最適化**：メニューの [アドイン] の [S-RPD] → [分析] → [最適化] をクリックします．まず「乖離パートの中心化切片」の目標をそれぞれ [最小化] し，「平均パートの傾き」を [最大化] します．次に「平均パートの中心化切片」の目標を [目標値に合わせる] とし，それぞれ [0.5] を入力して [最適化] ボタンをクリックすると，図 6.15 のように制御因子の最適条件が表示されます．図 6.15 には推定値がそれぞれ表示され，その右側に最適化後の推定式がグラフ化されます．

6.4 動特性に対する SN 比解析

■動特性に対する SN 比と感度

特性 y と信号因子 M の理想的関係として比例式を想定し，それに近づくような制御因子の水準組み合わせを求めるため，信号因子と制御因子の直積実験を行います．そこで，特性 y に対する信号因子 M と誤差因子 N の効果を明らかにするために，N と M を直交表の外側に 2 元配置で割り付けます．このデータ形式を表 6.6 に示します．

表 6.6　誤差因子と信号因子の実験データ

	M_1	M_2	$\ldots$	M_m
N_1	y_{11}	y_{12}	$\ldots$	y_{1m}
N_2	y_{21}	y_{22}	$\ldots$	y_{2m}
$\vdots$	$\vdots$	$\vdots$	$\ldots$	$\vdots$
N_n	y_{n1}	y_{n2}	$\ldots$	y_{nm}

6.3 節では，生データのグラフ化を行い，処理条件による比例性からのズレを確認しました．このようなズレがどの制御因子の水準変更で引き起こされているのかを明らかにするために，次式によって定義される SN 比 (signal-to-noise ratio) および感度を用いて要因効果を調べます[96]．

> 96)　ゼロ点比例式モデルを想定した SN 比解析は，河村敏彦 (2015)：『製品開発のための統計解析入門』（近代科学社）の 4.2 節を参照してください．

田口の動特性の SN 比 [db] は，切片のある 1 次式を想定したもとで，

$$\widehat{\gamma}_T = 10 \log_{10} \left(\frac{\widehat{\beta}_1^2}{\widehat{\sigma}^2} \right) \tag{6.15}$$

で定義されます[97]．ただし，$\widehat{\beta}_1$ および $\widehat{\sigma}^2$ は

> 97)　タグチメソッドでは統計モデルの仮定をせず，**平方和の分解**に基づいて SN 比を定義しています．

$$\widehat{\beta}_1 = \frac{\sum_{i=1}^{n} \sum_{j=1}^{m} (y_{ij} - \bar{y})(M_j - \bar{M})}{n \sum_{j=1}^{m} (M_j - \bar{M})^2}$$

$$\widehat{\sigma}^2 = \frac{1}{nm - 2} \sum_{i=1}^{n} \sum_{j=1}^{m} (y_{ij} - \widehat{\beta}_0 - \widehat{\beta}_1 M_j)^2$$

で与えられます．ここで，$\widehat{\beta}_0 = \bar{y} - \widehat{\beta}_1 \bar{M}$ です．一方，傾き β_1 を最急にする因子を探索するためには，**田口の動特性の感度** [db]

$$S = 10 \log_{10} \widehat{\beta}_1^2 \tag{6.16}$$

を用いて解析を行います．

【解析結果】 まず，制御因子で規定される各条件ごとに，SN 比および感度の推定値を計算します．その結果を表 6.7 に示します．

表 6.7 SN 比と感度

No.	A 1	B 2	3	C 4	5	6	D 7	$\widehat{\gamma}_T$	S
1	1	1	1	1	1	1	1	5.02	-13.15
2	1	1	1	2	2	2	2	13.64	-8.35
3	1	2	2	1	1	2	2	6.36	-11.87
4	1	2	2	2	2	1	1	5.75	-6.89
5	2	1	2	1	2	1	2	17.81	-12.13
6	2	1	2	2	1	2	1	1.48	-13.45
7	2	2	1	1	2	2	1	-2.49	-13.87
8	2	2	1	2	1	1	2	4.04	-8.75

SN 比 $\widehat{\gamma}_T$ に対して，L_8 直交表に割り付けた制御因子について分散分析した結果が表 6.8 であり，対応する**要因効果図**は図 6.16 です．

表 6.8 SN 比に対する分散分析表

要因	平方和	自由度	平均平方	F 値
A	12.326	1	12.326	0.471
B	73.779	1	73.779	2.819
C	0.404	1	0.404	0.015
D	128.702	1	128.702	4.917
e	78.528	3	78.528	
T	293.739	7		

表 6.8 の分散分析表を見ると，因子 B と D の効果が大きく，A と C にはほとんど効果はありません．したがって，因子 B と D の水準間によって SN 比は異なると結論づけてもよさそうです．ここで，要因効果図により，各制御因子の主効果のみから SN 比が最大になる条件を推定すると，$A_1 B_1 C_1 D_2$ で与えられます．

この問題では，SN 比が大きくても傾き β がある程度急でなければ，意図する出力は得られません．そこで，感度を解析特性として分散分析を行い，その結果を表 6.9 に示します．対応する要因効果図は図 6.17 です．

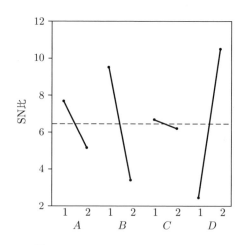

図 6.16 SN 比に対する要因効果図

表 6.9 を見ると，因子 C が大きな効果をもっていることがわかります．また，各制御因子の主効果のみから感度が最大になる条件は，$A_1 B_2 C_2 D_2$ となります．

次に，2 段階設計法によって最適条件を求めます．まず第 1 段階で，SN 比の効果が大きい因子 B と D によって SN 比を最大化します．要因効果図および分散分析表の結果より，その最適水準は $B_1 D_2$ と予想されます．制御因子 B と D で SN 比を大きくした後，第 2 段階において SN 比に影響せず，感度に影響する調整因子 C により傾きを最大にします．したがって，2 段階設計法による各因子の最適水準は，

$$\text{SN 比解析による最適条件}：A_1 B_1 C_2 D_2$$

となります．なお，効果の小さい因子 A については，SN 比および感度が大きくなるように第 1 水準を選択しています． □

表 6.9 感度に対する分散分析表

要因	平方和	自由度	平均平方	F 値
A	7.903	1	7.903	2.378
B	4.058	1	4.058	1.221
C	23.048	1	23.048	6.934
D	4.905	1	4.905	1.476
e	9.971	3	3.323	
T	49.885	7		

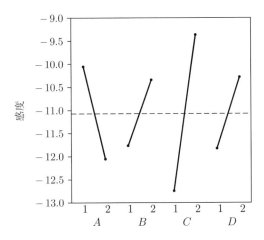

図 6.17　感度に対する要因効果図

S-RPD を用いた解析（動特性の SN 比解析）

- **SN 比と感度**：[S-RPD] → [SN 比解析] → [SN 比/感度の計算] をクリックすると，ダイアログが表示されます．「一次式」を選択して [OK] ボタンを押すと，SN 比および感度の計算結果が出力されます．
- **要因効果図と分散分析**：[S-RPD] → [SN 比解析] → [要因効果図/分散分析] をクリックすると，SN 比および感度の要因効果図と分散分析表が表示されます．分散分析表の一番右にあるグラフは，それぞれ因子（要因）の寄与率に対するグラフであり，どの程度因子に効果があるのかを視覚的に判断できるようになっています．
- **SN 比解析による 2 段階設計**：[S-RPD] → [SN 比解析] → [要因効果図/分散分析] をクリックし，[工程平均の推定] の左の三角ボタンを押します．第 1 段階の最適化を行うために，「一次式の SN 比」の目標を [最大化] とし，「一次式の感度」の目標を [なし] として [最適化] ボタンをクリックします．これら誤差因子に効果のある因子 B, D を，第 1 段階で固定（ロック）します．なお，因子 A の効果はほとんどありませんが，ここでは SN 比の最大化のために第 1 水準にしておきます．第 2 段階で「一次式の感度」の目標を [最大化] とし，再度 [最適化] ボタンをクリックすることで，最適水準値が決定されます．このとき，動特性の SN 比および感度の最適条件に対する推定値（工程平均）も併せて出力されているので，参照してください．

6.5 応答曲面法—重回帰分析—

応答曲面法は，**応答曲面計画**と**応答曲面解析**からなります．応答曲面計画では，応答曲面を効率よく求めるための実験を計画します．一方，応答曲面解析では，応答と因子の関数関係に 1 次や 2 次のモデルを仮定し，最適化を行います．本節では応答曲面解析を解説します．

【例】 Box, Hunter and Hunter (2005) に掲載されている化学反応速度に関する多元配置（5 元配置）のデータを用いて，応答曲面解析を解説します[98]．本実験の目的は，反応率を 90%以上に高めるような量的な制御因子の水準を探索することです．

本事例では，制御因子として

A：送り速度　　$A_1 : 10,$　　$A_2 : 15$
B：触媒　　　　$B_1 : 1,$　　　$B_2 : 2$
C：撹拌速度　　$C_1 : 100,$　$C_2 : 120$
D：温度　　　　$D_1 : 140,$　$D_2 : 180$
E：濃度　　　　$E_1 : 3,$　　　$E_2 : 6$

の 5 因子各 2 水準とし，これらを**量的因子**の水準値とみなして解析します．5 つの因子の水準組み合わせは $2^5 = 32$ 通りとなります．これら全体に対して，ランダムな順序で実験を行います[99]．

JMP を用いた解析（5 元配置のデータセット作成）

- **実験の計画**：メニューにある [実験計画 (DOE)] を選択して，[古典的な計画] → [完全実施要因計画] をクリックします．
- **応答と因子の設定**：「完全実施要因計画」の横の赤い三角ボタン ▽ をクリックします．[応答のロード] を選択し，「Design Experiment」フォルダの中にある「Reactor Response.jmp」を開きます．同様に，[因子のロード] を選択して「Reactor Factors.jmp」を開くと，それぞれ応答と因子が表示されます．
- **繰り返しのない 5 元配置**：「因子の指定」の [続行] ボタンを押すと，要因計画の「出力オプション」が表示されます．ここでは，実験の順序：[左から右へ並び替え]，中心点の数：[0]，反復の回数：[0] とし，[テーブルの作成] を押すとデータテーブルが作成されます．テーブルには，「反応率 (Percent Reacted)」という空白の列が用意されています．ここでは図 6.18 のように因子とデータが既に入力されている「Reactor 32 Runs.jmp」を用いて解析を行います．

---

[98] 本事例は，SAS Institute Inc. (2014) の pp.201–207 にも解析事例があるので，あわせて参考にしてください．

[99] 基本的に 2 元配置実験と同様ですが，ここでは JMP の中にあるサンプルデータ (Reactor 32 Runs.jmp) を用いて，制御因子がすべて量的因子の場合の解析手順を解説します．

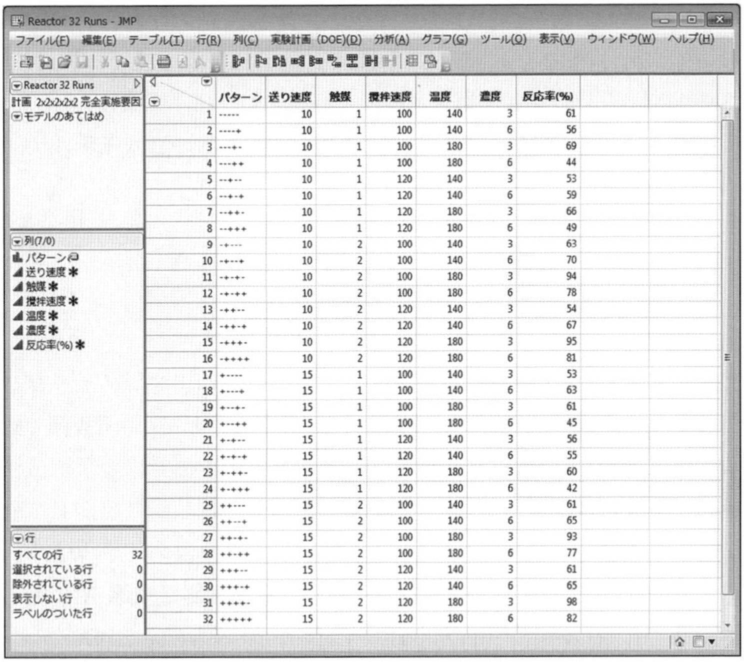

図 6.18 JMP における反応率の実験データ

	パターン	送り速度	触媒	撹拌速度	温度	濃度	反応率(%)
1	-----	10	1	100	140	3	61
2	----+	10	1	100	140	6	56
3	---+-	10	1	100	180	3	69
4	---++	10	1	100	180	6	44
5	--+--	10	1	120	140	3	53
6	--+-+	10	1	120	140	6	59
7	--++-	10	1	120	180	3	66
8	--+++	10	1	120	180	6	49
9	-+---	10	2	100	140	3	63
10	-+--+	10	2	100	140	6	70
11	-+-+-	10	2	100	180	3	94
12	-+-++	10	2	100	180	6	78
13	-++--	10	2	120	140	3	54
14	-++-+	10	2	120	140	6	67
15	-+++-	10	2	120	180	3	95
16	-++++	10	2	120	180	6	81
17	+----	15	1	100	140	3	53
18	+---+	15	1	100	140	6	63
19	+--+-	15	1	100	180	3	61
20	+--++	15	1	100	180	6	45
21	+-+--	15	1	120	140	3	56
22	+-+-+	15	1	120	140	6	55
23	+-++-	15	1	120	180	3	60
24	+-+++	15	1	120	180	6	42
25	++---	15	2	100	140	3	61
26	++--+	15	2	100	140	6	65
27	++-+-	15	2	100	180	3	93
28	++-++	15	2	100	180	6	77
29	+++--	15	2	120	140	3	61
30	+++-+	15	2	120	140	6	65
31	++++-	15	2	120	180	3	98
32	+++++	15	2	120	180	6	82

■応答曲面解析

完全無作為化実験により採取された反応率のデータを目的変数とし，各制御因子を説明変数とした重回帰分析を用いて解析を行います．そして，得られた予測モデルに基づいて，それらを最適化する条件を探索します．このとき，予測値の**等高線グラフ**（応答曲面）を用いた視覚化も有用となります．

ここでは，制御因子の量的な情報を積極的に利用して，因子の 1 次モデル，2 次モデルに基づく**応答曲面解析**を行います．制御因子を量的に扱うことにより，実験点以外の水準も連続的に応答の値を推定することができます．

さて，応答 Y の母平均 μ が制御因子 $x = (x_1, x_2, \ldots, x_p)$ の関数 $\mu(x)$ で与えられているとし，次の**応答曲面モデル** (response surface model)

$$Y = \mu(x) + \varepsilon, \quad \varepsilon \sim N(0, \sigma^2) \tag{6.17}$$

を想定します．ここでは，$x = (x_1, x_2, \ldots, x_p)$ に関して 1 次モデル

$$\mu(x) = a_0 + \sum_{i=1}^{p} a_i x_i \tag{6.18}$$

を仮定し，偏回帰係数 $a_0, a_1, \ldots, a_p$ を**最小2乗法**によって推定します．(6.18)
式において，$a_i x_i$ は因子 x_i の**1次効果**（主効果）を表します[100]．

なお，制御因子間の交互作用を考慮する場合には，(6.18) 式に $\sum a_{ij} x_i x_j$ を
追加します．さらに制御因子が3水準系の場合には，次の**2次モデル** (second-
order model)

$$\mu(x) = a_0 + \sum_{i=1}^{p} a_i x_i + \sum_{1 \le i < j \le p} a_{ij} x_i x_j + \sum_{i=1}^{p} a_{ii} x_i^2 \qquad (6.19)$$

を想定することも可能です[101]．

本実験データに基づき，**ステップワイズ回帰**を行います．ステップワイズ
回帰とは変数を逐次選択していく方法で，その方法としては，4.5節で述べた
変数増加法と変数減少法，変数増減法があります．ここでは変数増減法を用
い，最初に「変数なし」または「全変数を含むモデル」から出発して変数の
選択を何らかの基準によって行い，効果のある因子を決めていきます．変数
選択を行う基準量としては，F 値の他に p 値，**赤池情報量規準** AIC やベイズ
情報量規準 BIC(Bayesian Information Criterion) 等も知られています[102]．

本実験データに基づき，ここでは p 値を基準としてステップワイズ回帰を
行ってみましょう．JMP では，データテーブルに保存されているスクリプト
機能を用いると，**主効果とそのすべての2因子間交互作用を含めたモデル**が
自動的に生成されます．

JMP を用いた解析（ステップワイズ回帰）

- **ステップワイズ回帰**：メニューの [分析] → [モデルのあてはめ] を選択すると，
  ダイアログが表示されます．「モデル効果の構成」として主効果および2因子
  間の制御因子が含まれていることを確認し，手法：[ステップワイズ法] を選択
  して [実行] ボタンを押します．次に「ステップワイズ回帰の設定」において，
  「停止ルール」を [最小 AICc]，「方向」に関しては [変数増加] を選択し，[実行]
  ボタンを押すと，図 6.19 のようなモデル選択後の出力結果が得られます．こ
  こでは触媒と濃度の交互作用は5%有意ではないので，チェックを外しておき
  ます．これで良ければ，[モデルの作成] ボタンを押すと図 6.20 のように変数
  選択後のモデルが出力されるので，これを最終モデルとします．
- **応答曲面モデル**：手法：[標準最小2乗]，強調点：[要因のスクリーニング] を
  選択して [実行] ボタンを押すと，図 6.21 が出力されます．(6.20) 式は，「パラ
  メータ推定値」を参照し，中心化を行ったモデルの形式に書き表したものです．

---

[100] モデルの表現は違いますが，解析方法は第4章で述べた重回帰分析とまったく同じになります．

[101] 因子が量的因子の場合には，分散分析だけなく，統計モデリングを通じて詳細な解析を行うとよいでしょう．なお，制御因子の関数関係として，局所的な領域に関心がある場合には，1次式ないしは2次式で近似できるものとして解析を行います．

[102] AIC は説明変数の増加に対するペナルティを考慮したモデル適合度を測る量であり，BIC はさらにペナルティを強めた量として知られています．AIC および BIC ともに，「その量が小さいほど望ましい」と判断します．なお，JMP で用いられている AIC を修正した AICc は，データ数にパラメータ数が近い場合には，BIC よりもペナルティが強いものになっています．

6.5 応答曲面法―重回帰分析― 151

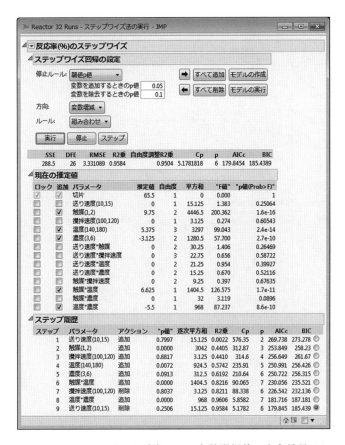

図 6.19 ステップワイズ法による変数選択後の出力結果 (1)

図 6.20 ステップワイズ法による変数選択後の出力結果 (2)

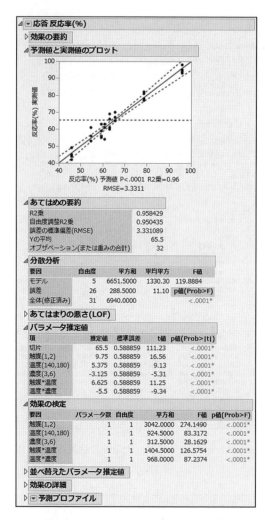

図 6.21 JMP による予測モデル

【解析結果】 図 6.21 を見ると，すべての主効果で高度に有意であり，交互作用は触媒×温度，温度×濃度が高度に有意となっています．ここで因子 B（触媒）を x_B，因子 D（温度）を x_D，因子 E（濃度）を x_E と表し，さらに交互作用 $B \times D$, $D \times E$ をそれぞれ $x_B x_D (= x_{B \times D})$, $x_D x_E (= x_{D \times E})$ と表すと，予測モデルは次式で与えられます[103]．

$$\hat{y} = 65.5 + 9.75 \left(\frac{x_B - 1.5}{0.5}\right) + 5.375 \left(\frac{x_D - 160}{20}\right) - 3.125 \left(\frac{x_E - 4.5}{1.5}\right)$$
$$+ 6.625 \left(\frac{x_B - 1.5}{0.5}\right)\left(\frac{x_D - 160}{20}\right) - 5.5 \left(\frac{x_D - 160}{20}\right)\left(\frac{x_E - 4.5}{1.5}\right) \quad (6.20)$$

[103] この予測モデルは，反応率 40％から 95％の範囲を対象としています．誤差の標準偏差 (RMSE) は 3.3％で，予測値の範囲に比べてかなり小さい値となっています．また，寄与率は約 96％で，モデル適合も高いことがわかります．

6.5 応答曲面法—重回帰分析—　　153

図6.21より変数選択後の分散分析表を作成し，表6.10にまとめておきます．

表 6.10 変数選択後の分散分析表

要因	平方和	自由度	平均平方	F 値	p 値
B	3042.00	1	3042.00	274.15	<.0001
D	942.50	1	942.50	83.32	<.0001
E	312.50	1	312.50	28.16	<.0001
$B \times D$	1404.50	1	1404.50	126.58	<.0001
$D \times E$	968.00	1	968.00	87.24	<.0001
e	288.50	26	11.10		
T	6940.00	31			

■等高線グラフによる視覚化

応答曲面解析では，応答と因子の関係に1次や2次モデルなどを想定し，それらの母数を最小2乗法によって推定しました．その推定結果をもとに等高線グラフに描くと，推定されたモデルを理解するのに役立ちます．ただし，等高線グラフでは，「等高線表示に取り上げていない変数の水準」に対しての注意が必要です．

例えば，(6.20) 式のように x_B, x_D, x_E を取り上げたとき，x_B と x_D に関する等高線表示を行うには，x_E の水準値を指定しなければなりません．その際，本事例のように x_B, x_D と x_E の間に交互作用があると，x_E の水準値の取り方を変えることで等高線の形状が大きく変わります．図6.22 の (a), (b) はともに (6.20) 式に基づくものです．これらの図の違いは，x_E の水準値によります．ここで，(a) は $x_E = 3$（第1水準）なのに対し，(b) は $x_E = 6$（第2水準）です．このように，交互作用の強い因子があるときには等高線の形状が変わるので，複数の等高線を描くなどの工夫が必要となります．

┌─ JMP を用いた解析（等高線プロファイル）─────────

- 「応答 反応率 (%)」の横の赤い三角ボタン ▽ をクリックし，[因子プロファイル] → [等高線プロファイル] を選択すると，図6.22 が表示されます．
- 図6.22 は「等高線プロファイル」の中の「水平」を触媒，「垂直」を温度としています．「現在のX」をそれぞれ 2, 180 と固定し，濃度を (a) では 3, (b) では 6 とした図を表示しています．
- 等高線のグリッドは，「等高線プロファイル」の横の赤い三角ボタン ▽ を押して「等高線グリッド」を選択し，適当にグリッドの値を決めるとよいでしょう．

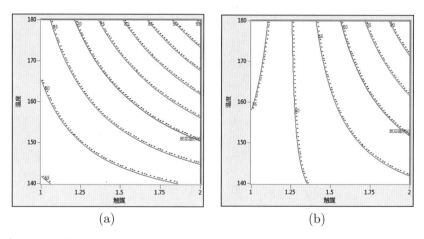

図 6.22　濃度（因子 E）の水準を変化させたときの等高線

　次に，(6.20) 式で与えられる予測モデルを用いて最適化を行います．本事例の目的は，反応率を 90% 以上に高める因子をみつけることです．実際，反応率を最大にする制御因子の水準は

$$x_B^* = 2, \ x_D^* = 180, \ x_E^* = 3$$

となり，いずれの因子も**端点解**であることがわかります[104]．このとき，反応率が大きくなる水準は $B_2 D_2 E_1$ です．その点推定値は $\hat{\mu}(B_2 D_2 E_1) = 95.875$ であり，95%信頼区間は $(92.910, 98.834)$ で与えられます．　□

[104] さらに最適水準を探索するためには，設定値を同じ方向にシフトさせた追加実験を行うとよいでしょう（2 水準系の限界）．

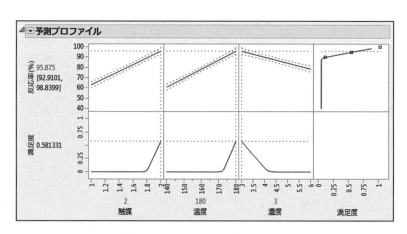

図 6.23　JMP による予測プロファイル

■満足度関数による最適化

多特性最適化のアプローチとして，複数の応答から1つの評価測度である満足度関数 (desirability function) を用いて，これを最大化する因子の水準を探索する方法が知られています．第 j 番目の応答について満足度関数 $d_j(x_1, x_2, \ldots, x_p)$ を定義し，それらの**幾何平均**

$$D(x_1, x_2, \ldots, x_p) = \left(\prod_{j=1}^{J} d_j(x_1, x_2, \ldots, x_p) \right)^{1/J} \qquad (6.21)$$

を**全体の満足度** (overall desirability function) とします[105]．ただし，d_j は 0 から 1 の間をとる値の関数であり，$\widehat{\mu}_j$ が満足するレベルにあるときには 1，満足しないレベルにあるときには 0 となるようにします．

望大特性の場合には，それぞれの応答に対して，上側限界 U_j と下側限界 L_j を与えます．このとき，ある既知定数 k に対して**望大特性の満足度関数**は，

$$d_j(x_1, x_2, \ldots, x_p) = \left(\frac{\widehat{\mu}_j(x_1, x_2, \ldots, x_p) - L_j}{U_j - L_j} \right)^k, \quad L_j \leq \widehat{\mu}_j \leq U_j \qquad (6.22)$$

で定義します．ただし $\widehat{\mu}_j < L_j$ のときは 0，$U_j \leq \widehat{\mu}_j$ のときは 1 とします[106]．

【解析結果】 図 6.18 の反応率の実験データにおいて，その応答については望大特性であり，上下限を $L_1 = 90, U_1 = 99$ とします．本事例では $k = 1$ とした満足度関数を用いると，(6.22) 式は

$$d(x_B, x_D, x_E) = \left(\frac{\widehat{\mu}(x_B, x_D, x_E) - 90}{99 - 90} \right), \quad 90 \leq \widehat{\mu}(x_B, x_D, x_E) \leq 99$$

となります．これより最適条件は $x_B^* = 2, x_D^* = 180, x_E^* = 3 \ (B_2 D_2 E_1)$ となり，予測モデルから直接得られた結果と一致しています． □

> ── JMP を用いた解析（予測プロファイル） ──────────
>
> ● **予測プロファイル**：「応答 反応率 (%)」の横の赤い三角ボタン ▽ を押して [因子プロファイル] → [プロファイル] を選択し，それぞれの因子の水準を動かすことで，反応率の予測値の変化が視覚化できるようになっています．
> ● **満足度関数による最適化**：[予測プロファイル] の横の赤い三角ボタン ▽ を押して [最適化と満足度] → [満足度の最大化] をクリックすると，図 6.23 のように反応率を最大化する最適解 $B_2 D_2 E_1$ が表示されます．

[105] 応答が1つの場合 ($j = 1$) には，全体の満足度は $d(x_1, x_2, \ldots, x_p)$ そのものになります．

[106] 本節で解説する満足度関数は，Derringer and Suich (1980) によって与えられたものです．論文は次のとおり．Derringer and Suich (1980), Simultaneous optimization of several response variables, *Journal of Quality Technology*, **12**, 214–219. ただし JMP では，Derringer and Suich による関数型ではなく，裾の部分をそれぞれ指数関数，中心部分を 3 次関数とした満足度関数を用いています．

6.6 応答曲面法―ロジスティック回帰分析―

【例】 本節では，JMP のマニュアル (SAS Institute Inc., 2014, pp.31–41) に掲載されているポップコーンの事例を用いて，ロジスティック回帰分析モデルによる応答曲面解析を解説します．本事例の目的は，ポップコーンを電子レンジで上手く調理するための最適条件を決定することです．コーンを加熱すると，大部分がはじけますが，はじけないまま残ってしまうものもあります．理想は，すべてのコーンがはじけ，はじけないコーンがゼロになることです．ここでは，コーンの総数に対してはじけた割合が高いほど最適な調理方法であるとし，その効果のある因子を探索します．

制御因子として次のように，使用するポップコーンのブランド，コーンの加熱時間，電子レンジの出力の3因子各2水準を取り上げます．

A：使用するポップコーンのブランド（Top Secret または Wilbur）
B：ポップコーンの加熱時間（3分または5分）
C：電子レンジの出力（レベル5またはレベル10）

この実験での加熱時間は3分または5分，電子レンジの出力はレベル5または10とし，経験的に次のようなことがわかっています．

・高い出力で長時間加熱すると，一部のコーンが焦げてしまう．
・低い出力での短時間加熱では，はじけるコーンが少ない．

このとき，「制御因子の制約条件」として $10 \leq$ 加熱時間 $+$ 出力 ≤ 13 とすれば，図 6.24 で平行四辺形に囲まれた部分が実験に使用できる領域となります．これは，電子レンジの出力を 10 にして 5 分間加熱することも，出力 5 で 3 分間加熱することもできないことを意味しています．

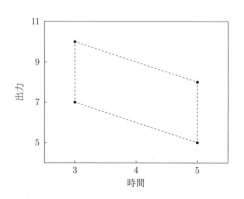

図 6.24 制御因子に対する制約領域

JMP では**カスタム計画**を用いて，応答や制御因子，統計モデル，実験回数などを設定することによって，実験計画を自動的に立てることができます．ここでは，カスタム計画を利用して最適な実験計画（**最適計画**）を立てることからスタートしてみましょう[107]．

JMP を用いた解析（実験の計画 カスタム計画 (1)）

- **カスタム計画**：メニューにある [実験計画（DOE）] → [カスタム計画] を選択すると，実験計画のためのダイアログが表示されます．
- **応答**：「応答名」を [はじけた数] とし，目標は [最大化] を選択します．さらに，2 つ目の応答を追加するために [応答の追加] をクリックし，表示されたメニューから [なし] を選択します．ここで，「応答名」を [コーンの総数] に変えておきます．
- **因子（ブランド）**：[因子の追加] をクリックし，[カテゴリカル] → [2 水準] を選択します．デフォルトの因子名を「ブランド」，水準名（L1 と L2）を「Top Secret」と「Wilbur」に変更します．
- **因子（時間）**：[因子の追加] をクリックし，[連続変数] を選択します．デフォルトの因子名を「時間」，水準名（−1 と 1）を「3」および「5」に変更します．
- **因子（出力）**：[因子の追加] をクリックし，[連続変数] を選択します．デフォルトの因子名を「出力」，水準名（−1 と 1）を「5」および「10」に変更し，これでよければ [続行] ボタンをクリックします．
- **制御因子の制約条件**：「因子の制約を定義」の中の「線形制約を指定」にチェックを入れます．ここでは，制約条件 $10 \leq$ 加熱時間 $+$ 出力 ≤ 13 を 2 つに分けて設定するため，[追加] ボタンをクリックしてそれぞれ入力します．

---

[107] 本事例で生成した実験計画は，**D 最適計画**と呼ばれるものです．これは，与えられた実験回数，実験可能領域，統計モデルを満たす計画の中で，そのモデルの母数の推定量について，分散を小さくするような評価基準（**D 最適性**）に基づいています．ただし，ここでは統計モデルとしてロジスティック回帰モデルを扱っていますが，D 最適性は「線形回帰モデル」に対するものなので注意してください．

はじけたコーンの割合に与えるある因子の効果は，他の因子の水準値に依存する可能性があります．例えば，加熱時間の変更が「Wilbur」ブランドのポップコーンにもたらす効果は，「Top Secret」ブランドで同じように加熱時間を変更したときよりも大きい可能性があります（2 因子間の交互作用）．ここでは，ポップコーンの加熱工程のモデルに考えられる交互作用をすべて含めることにします．

JMP を用いた解析（実験の計画 カスタム計画 (2)）

- **統計モデル**：「モデル」のパネルより [交互作用] をクリックし，[2 次] を選択すると，モデルに制御因子間の交互作用が追加されます．さらに，応答と因子の関係を示すグラフが曲線になるかどうかを検証するため，[べき乗] をクリックして [2 次] を選択します．これより，「出力」と「時間」の 2 次の効果を検証できます．

JMP を用いた解析（実験の計画 カスタム計画 (3)）

- 「計画の生成」パネルには，モデルに追加した交互作用や 2 次項などの効果をもとに計算された必要な実験回数が，ある基準に基づいて表示されます．ここでデフォルトの実験の回数 16 を用いて，[計画の生成] ボタンをクリックすると，実験の計画が作成されます．このとき，JMP のカスタム計画は乱数を用いて作成されるため，実際に作成されるテーブルは異なるので注意してください．
- 作成されたテーブルは，実験をどの順序で実行するかを示しています．電子レンジの出力や加熱時間の水準で（理論的に生成された値の中で），小数点表示されているものが存在していますが，適当に整数値で丸めておきます．なお，「実験の順序」で [左から右へ並び替え] を選択すると，データテーブル内の行がブランド順に並びます．
- 「出力オプション」にある [テーブルの作成] ボタンをクリックし，実験の計画に従って，はじけた数とコーンの総数のデータをそれぞれ入力します．
- 実験の計画とデータは，サンプルデータの中にある「Samples」→「Data」→「Design Experiment」→「Popcorn DOE Results.jmp」を開くと図 6.25 のように表示されます．本節では，このデータに基づいて解析を行うことになります．

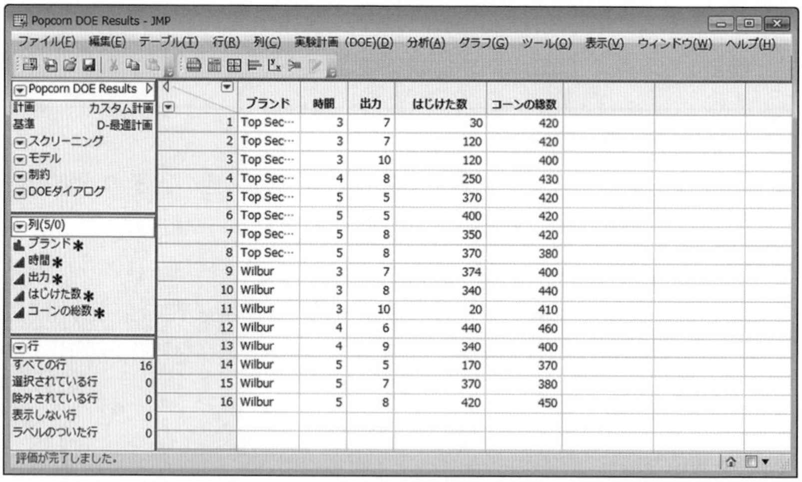

	ブランド	時間	出力	はじけた数	コーンの総数
1	Top Sec···	3	7	30	420
2	Top Sec···	3	7	120	420
3	Top Sec···	3	10	120	400
4	Top Sec···	4	8	250	430
5	Top Sec···	5	5	370	420
6	Top Sec···	5	5	400	420
7	Top Sec···	5	8	350	420
8	Top Sec···	5	8	370	380
9	Wilbur	3	7	374	400
10	Wilbur	3	8	340	440
11	Wilbur	3	10	20	410
12	Wilbur	4	6	440	460
13	Wilbur	4	9	340	400
14	Wilbur	5	5	170	370
15	Wilbur	5	7	370	380
16	Wilbur	5	8	420	450

図 6.25　JMP におけるポップコーンの実験データ

■ロジスティック回帰分析

ロジスティック回帰分析は，応答が 2 値変数である場合に，応答と制御因子の関係を検討するための解析方法として知られています．通常の回帰分析の場合には正規分布を仮定して解析しましたが，2 値変数や比率の場合には，**二項分布** (binomial distribution) を仮定して解析します．

独立な試行を n 回行い，各試行で当該事象が起こる確率（比率）を π ($0 \leq \pi \leq 1$) とします．n 回の中で y 回当該事象が起こる確率は二項分布に従い，その確率分布は次式で与えられます[108]．

$$\Pr\{Y = y\} = \frac{n!}{y!(n-y)!}\pi^y(1-\pi)^{n-y} \tag{6.23}$$

ロジスティック回帰分析では，(6.23) 式の π を**ロジット変換**したものが，x の線形関数

$$\log\left(\frac{\pi}{1-\pi}\right) = \beta_0 + \beta_1 x_1 + \cdots + \beta_p x_p \tag{6.24}$$

で表されていると仮定します．ここで偏回帰係数 $\beta_0, \beta_1, \ldots, \beta_p$ の推定値は，**最尤法**によって求められます．

注意としては，この確率（比率）π に対して，回帰分析のように $\pi = \beta_0 + \beta_1 x_1 + \cdots + \beta_p x_p$ と仮定してしまうと，π が 0 未満や 1 を超える値となってしまいます．(6.24) 式のようにロジット変換すると，線形部分がどのような値になっても，π は 0 より大きく，1 より小さい値となります．また，二項分布は等分散ではありません[109]．等分散のときには（特に応答の分布が正規分布のときには），推定方法として通常の最小 2 乗法が妥当です．しかし二項分布のときには，通常の最小 2 乗法はあまりよい性質をもちません．そのため，ロジスティック回帰分析では最尤法が使われています．

実験 No. で規定される制御因子（説明変数）の組 $x_i = (x_{i1}, x_{i2}, \ldots, x_{ip})$ で，1 つのポップコーンがはじける確率を π_i，はじけない確率を $1 - \pi_i$ とします．ここで，調理したポップコーンの個数を n_i，そのうちではじけた個数を y_i とすると，はじけたポップコーンの個数が y_i である確率 p_i は

$$p_i = \frac{n_i!}{(y_i)!(n_i - y_i)!}(\pi_i)^{y_i}(1-\pi_i)^{n_i-y_i} \tag{6.25}$$

となります．

このとき，n 個のポップコーンが $y_1, y_2, \ldots, y_n$ である確率は，それぞれの確率 $p_1, p_2, \ldots, p_n$ の積となるので，

[108] Y は $0, 1, \ldots, n$ の値のいずれかをとる確率変数であることに注意してください．確率変数 Y が二項分布 $B(n, \pi)$ に従っていることを，$Y \sim B(n, \pi)$ と表記します．

[109] $Y \sim B(n, \pi)$ のときに $\hat{\pi} = y/n$ とおけば，期待値 $E[\hat{\pi}] = \pi$，分散 $\mathrm{Var}[\hat{\pi}] = \pi(1-\pi)/n$ で与えられます．

$$L(\beta_0, \beta_1, \ldots, \beta_p) = \prod_{i=1}^{n} p_i = \prod_{i=1}^{n} \frac{n_i!}{(y_i)!(n_i - y_i)!} (\pi_i)^{y_i} (1 - \pi_i)^{n_i - y_i} \quad (6.26)$$

と表されます. この**尤度関数** $L(\beta_0, \beta_1, \ldots, \beta_p)$ を, 最大にするようなものを, 偏回帰係数の推定値とします. 実際には尤度関数そのものではなく, 尤度関数の対数をとった**対数尤度関数** $\log L$ を最大にするような偏回帰係数を求めます.

既に述べたように, 重回帰モデルは

$$Y = f(x) + \varepsilon = \beta_0 + \beta_1 x_1 + \cdots + \beta_p x_p + \varepsilon \quad (6.27)$$

で与えられ, 確率変数 Y の期待値をとると,

$$E[Y] = f(x) = \beta_0 + \beta_1 x_1 + \cdots + \beta_p x_p \quad (6.28)$$

となります. これを (6.24) 式のモデルと比較してみます. ロジスティック回帰分析モデルでは, 期待値 $E[Y]/n = \pi$ に対してロジット変換を考え, それが説明変数の線形関係 $f(x)$ に結びつくという構造をもちます. より一般的なモデルにするため, ある関数 $g(\mu)$ に対して関係式

$$g(\mu) = \beta_0 + \beta_1 x_1 + \cdots + \beta_p x_p \quad (6.29)$$

が成立していると考えます. この関数 g は**リンク関数** (link function) と呼ばれるものです. 重回帰モデルは, リンク関数が $g(\mu) = \mu$, 応答の確率分布が正規分布 $N(\mu, \sigma^2)$ となっています. ロジスティック回帰モデルでは, $g(\pi) = \log(\pi/(1 - \pi))$, 応答の確率分布が二項分布 $B(n, \pi)$ の場合となります. このようなモデルを, **一般化線形モデル** (generalized linear model) といいます[110]. 表 6.11 に代表的なリンク関数と応答の確率分布との関係を示しておきます.

[110] 一般化線形モデルは, 回帰分析のみならずロジスティック回帰分析などを包含する一般的なモデルであり, 1970 年代に提案されました. 目的変数が 2 値の場合だけでなく, 多値の場合などさまざまな状況を統一的に取り扱うことが可能となります. 詳しくは, McCullagh and Nelder (1989) を参照してください.

表 6.11 リンク関数と応答の確率分布の対応関係

リンク関数 $g(x)$	応答の確率分布
μ	正規分布
$\text{logit}(\mu)$	二項分布
$\log \mu$	ポアソン分布
$1/\mu$	ガンマ分布

6.6 応答曲面法―ロジスティック回帰分析― 161

JMP を用いた解析（ロジスティック回帰分析）

● **ロジスティック回帰分析**：データテーブルの左上の「モデル」の横の三角ボタンをクリックすると，ロジスティック回帰の「モデルのあてはめ」のダイアログが表示されます．デフォルトでは，手法：[標準最小2乗] が表示されています．ここでは，はじけたコーンの比率をモデル化するため，応答を二項分布とした一般化線形モデルを用いて解析します．そこで，手法：[一般化線形モデル] に変更し，さらに分布：[二項]，リンク関数：[ロジット] に設定して [実行] ボタンを押すと，図 6.26 のように出力結果が表示されます．

【**解析結果**】 図 6.26 の「効果の検定」の p 値を見ると，時間の2次の効果を除いて，すべての主効果や交互作用，2次項が高度に有意であることがわかります[111]．なお，このモデルの AIC は 1177.6274 です[112]．

通常の回帰分析の分散分析表に対応するものが，「モデル全体の検定」に示されています．モデルには，「差分」「完全」「縮小」という3種類が表示されています．「完全」には，あてはめられたモデルの対数尤度を -1 倍したものが表示されています．「縮小」には，切片だけのモデルの対数尤度を -1 倍したものが表示されています．**差分**は，「完全」と「縮小」の対数尤度の差です．

図 6.26 を見ると「差分」は 1201.46766 ですが，これは「縮小 $-$ 完全 $=$ 1766.28138 $-$ 564.813718」で計算されています．この差分の自由度は，（切片を除いた母数の数であり）8 です．**完全モデル**および**縮小モデル**の対数尤度をそれぞれ $\log L_1$, $\log L_0$ とするとき，差分を2倍した値

尤度比検定統計量：$-2(\log L_0 - \log L_1)$

は，帰無仮説のもとで近似的に χ^2 分布に従います．

この性質を用いて，「モデルに含まれる説明変数の母回帰係数はすべて0である」という帰無仮説に対して，近似的に**尤度比検定** (likelihood ratio test) を行えます．「完全」と「縮小」の対数尤度における差を2倍にした値は，通常の分散分析表の F 値に相当します．また，個々の偏回帰係数に対する検定（効果の検定）も，回帰分析と同様に行えます．そこでも，χ^2 分布で近似した尤度比検定が使われます．

次に，これらの予測モデルに基づいて，ポップコーンがはじける比率が最も大きくなるような因子を探索します．主効果のみの場合の最適化は計算が簡単ですが，交互作用や2次を含んだモデルになると，計算がやや複雑になります．

111) 2次の「時間 × 時間」に関しては5%有意ではありませんが，ここではフルモデルで表示しています．

112) JMP で採用されている規準は「AICc」と呼ばれているものです．これは，AIC におけるバイアスを修正したものとなっています．

最後に満足度関数を用いて，満足度を最大にする制御因子の水準を探索します．図 6.27 より，ブランドは「Top Secret」として電子レンジを 8 に設定し，5 分間加熱すればよいことがわかります[113]．このとき，コーンがはじける比率の推定値は 0.965 で 95%信頼区間は (0.952, 0.974) と求められます．□

> [113] 例えば「時間」の水準値を変化させると，「ブランド」と「出力」の予測トレースの曲線の傾きと最大/最小値が変化します．この傾きの変化は，「時間」と「ブランド」および「時間」と「出力」の間に交互作用の効果があることを意味しています．

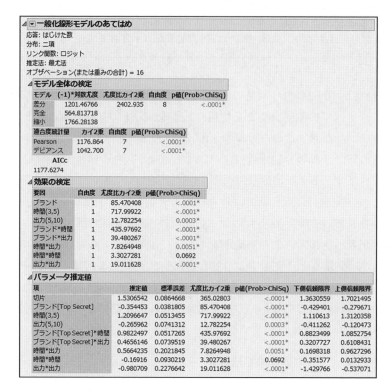

図 6.26　JMP によるロジスティック回帰分析

JMP を用いた解析（ロジスティック回帰分析モデルに基づく最適化）

- **予測プロファイル**：「一般化線形モデルのあてはめ」の横の赤い三角ボタン ▽ をクリックし，[プロファイル] → [プロファイル] を選択します．レポートの下に「予測プロファイル」が表示され，赤い縦の点線を動かすと，因子の値を変化させると応答にどのような影響を及ぼすのかが確認できます．
- **満足度関数による最適化**：「予測プロファイル」の横にある赤い三角ボタン ▽ をクリックし，[最適化と満足度] → [満足度関数]，[最適化と満足度] → [満足度の最大化] を選択すると，図 6.27 のようにはじけたコーンの比率が最大となるような最適条件が出力されます．本事例の場合には，ブランド「Top Secret」，加熱時間「5 分」，出力レベル「8」となります．

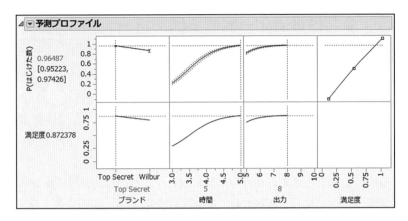

図 6.27　JMP による予測プロファイル

―JMP を用いた解析（等高線プロファイル）―

- 等高線プロファイル：「一般化線形モデルのあてはめ」の横の赤い三角ボタン▽を押し，[プロファイル] → [等高線プロファイル] を選択すると，図 6.28 が表示されます．ここでは「等高線プロファイル」の中のブランドを「Top Secret」，「水平」を時間，「垂直」を出力とし，「現在の X」を 5, 8 としています．

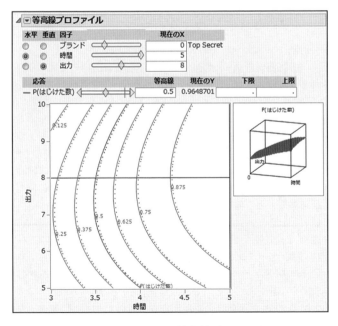

図 6.28　JMP による等高線プロファイル

■ 6.7 多特性最適化—同時要因解析—

【例】 本節では，Myers, Montgomery and Anderson-Cook (2009), p.277 に掲載されている化学工程に関するデータを用いて，**多特性最適化** (muliple response optimization) を解説します．特性は，y_1: 転換量，y_2: 活性度 の2つです．転換量 y_1 はその値が大きいほどよい**望大特性**であり，活性度 y_2 は目標値 57.5 とした**望目特性**[114] です．

実験の目的は，これらの条件を同時に満たす，量的な制御因子の最適水準を探索することです．本事例では，制御因子として A: 反応時間，B: 反応温度 および C: 触媒量 の3つの因子を取り上げています．それら実験の計画と得られたデータを，図 6.29 に示します．

本実験では，応答曲面解析を効率的に行うために，**中心複合計画**が使われています．量的因子を取り上げている場合には，3水準系の直交表実験などは実験回数が多くなり，効率があまりよくありません．これに対して中心複合計画は，既に述べたように，特に「2次モデルに基づく応答曲面解析」に適していることが知られています[115]．

ここでは，JMP を用いて計画表を作成してみましょう．

> **JMP を用いた解析（中心複合計画によるデータテーブルの作成）**
>
> - **中心複合計画**：メニューにある [実験計画 (DOE)] をクリックして，[古典的な計画]→ [応答曲面計画] を選択すると，中心複合計画のためのダイアログが表示されます．
> - **応答**：「応答名」を [転換量] とし，目標は [最大化] を選択します．さらに，2つ目の応答（活性度）を追加するために [応答の追加] をクリックし，表示されたメニューから [目標値に合わせる] を選択して，下側限界と上側限界をそれぞれ [55], [60] とします．ここで，「応答名」を [活性度] に変えておきます．
> - **因子（反応時間）**：[追加] ボタンをクリックし，因子名を「反応時間」，コード化された水準値を [−1], [1] に変更します．同様に，他の2つに関しても因子名を「反応温度」と「触媒量」に変更し，水準値をそれぞれ [−1], [1] として [続行] ボタンをクリックします．
> - **計画の選択**：本事例では実験回数を 20，中心点を 6 とした「CCD 一様精度」を選択し，[続行] ボタンをクリックします．デフォルト値である3因子要因計画を 2^3，回転可能 $\alpha = 8^{1/4} = 1.682$，中心での繰り返し（中心点の数）を 6，実験の順序を「変更なし」とします．最後に [テーブルの作成] ボタンをクリックすると図 6.29 のような計画表が作成されるので，そこにデータをそれぞれ入力します．

[114] 望目特性とは，正値の特性で，有限の目標値をもつ特性のことです．

[115] 中心複合計画は，「実験回数を低減するため，高次の交互作用を無視して，量的因子の2次の推定効率を上げるための計画」です．なお，この応答曲面計画についての生成法および特徴付けの解説は，山田 (2004) を参照してください．

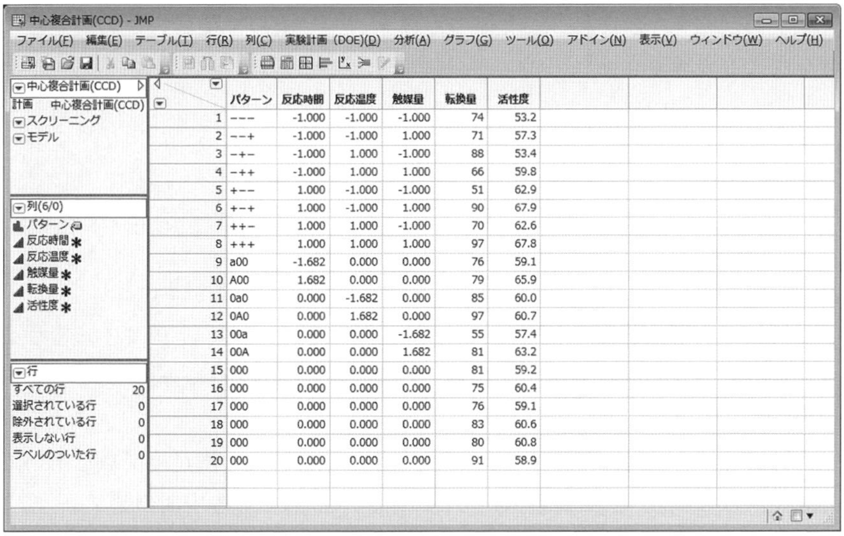

	パターン	反応時間	反応温度	触媒量	転換量	活性度
1	−−−	-1.000	-1.000	-1.000	74	53.2
2	−−+	-1.000	-1.000	1.000	71	57.3
3	−+−	-1.000	1.000	-1.000	88	53.4
4	−++	-1.000	1.000	1.000	66	59.8
5	+−−	1.000	-1.000	-1.000	51	62.9
6	+−+	1.000	-1.000	1.000	90	67.9
7	++−	1.000	1.000	-1.000	70	62.6
8	+++	1.000	1.000	1.000	97	67.8
9	a00	-1.682	0.000	0.000	76	59.1
10	A00	1.682	0.000	0.000	79	65.9
11	0a0	0.000	-1.682	0.000	85	60.0
12	0A0	0.000	1.682	0.000	97	60.7
13	00a	0.000	0.000	-1.682	55	57.4
14	00A	0.000	0.000	1.682	81	63.2
15	000	0.000	0.000	0.000	81	59.2
16	000	0.000	0.000	0.000	75	60.4
17	000	0.000	0.000	0.000	76	59.1
18	000	0.000	0.000	0.000	83	60.6
19	000	0.000	0.000	0.000	80	60.8
20	000	0.000	0.000	0.000	91	58.9

図 6.29 多特性（転換量および活性度）の実験のデータ

【解析結果】 図 6.29 の転換量および活性度データを用いて，**同時要因解析**を行ってみましょう．それぞれの応答に対して 2 次モデルをあてはめると，予測モデルは次のように与えられます[116)]．

$$\begin{aligned}\widehat{y}_1 \equiv \widehat{\mu}_1(x) &= 81.091 + 1.028x_A + 4.041x_B + 6.204x_C + 2.125x_Ax_B \\ &\quad + 11.375x_Ax_C - 3.875x_Bx_C - 1.834x_A^2 + 2.939x_B^2 - 5.193x_C^2 \qquad (6.30)\end{aligned}$$

$$\begin{aligned}\widehat{y}_2 \equiv \widehat{\mu}_2(x) &= 59.850 + 3.583x_A + 0.255x_B + 2.230x_C - 0.388x_Ax_B \\ &\quad - 0.038x_Ax_C + 0.313x_Bx_C + 0.835x_A^2 + 0.075x_B^2 + 0.057x_C^2 \qquad (6.31)\end{aligned}$$

116) 予測モデルに含まれる係数の推定値は，図 6.30 および図 6.31 の「パラメータ推定値」を参照してください．なお，いくつかの因子で効果の小さいものも存在しますが，ここでは 2 次のフルモデルで記述しています．

次に，得られた予測モデルに基づいて最適化を行います．この事例の場合には転換量 y_1 は望大特性なので，$\widehat{y}_1$ を大きくするために主効果 x_A, x_B, x_C の水準値を大きくしたほうがよさそうです．一方，活性度 y_2 は 55 から 60 の範囲に入ることが望ましいため，x_A, x_B, x_C の水準値を大きくしすぎると $\widehat{y}_2$ も大きくなり，55 から 60 の範囲から外れる可能性もあります．さらに，主効果のみならず，交互作用や 2 次の影響も考慮しながら最適条件を探索する必要があるので，複雑で計算量も多くなってしまいます．そこで，ここでは前述の**満足度関数を用いた多特性の最適化**を行うことにします．

応答が目標値 T_j に近いほど望ましい望目特性の場合には，上側規格 U_j および下側規格 L_j を設定し，既知の定数 k_1, k_2 を決めて**望目特性の満足度関数**を次式で定義します[117]．

$$d_j(x_1, x_2, \ldots, x_p) = \left(\frac{\widehat{\mu}_j(x_1, \ldots, x_p) - L_j}{T_j - L_j} \right)^{k_1}, \quad L_j \le \widehat{\mu}_j \le T_j$$

$$= \left(\frac{U_j - \widehat{\mu}_j(x_1, \ldots, x_p)}{U_j - T_j} \right)^{k_2}, \quad T_j \le \widehat{\mu}_j \le U_j \quad (6.32)$$

ただし，$\widehat{\mu}_j(x_1, \ldots, x_p) < L_j, U_j < \widehat{\mu}_j(x_1, \ldots, x_p)$ のときは 0 とします．

転換量および活性度データにおいて，応答 y_1 については (6.22) 式で与えられる望大特性の満足度関数を用い，ここでは上側規格 $U_1 = 90$ および下側規格 $L_1 = 60$ とし，$k = 1$ とします．

応答 y_2 については，(6.32) 式で与えられる望目特性の満足度関数を用いて上側規格 $U_2 = 60$，下側規格 $L_2 = 55$ とし，目標値をその中間の値 $T_2 = 57.5$ とします．なお，形状を表す k については，$k_1 = k_2 = 1$ とします．

本事例の場合には，まず望大特性である転換量の満足度関数を示すと，

$$\widehat{d}_1(x_A, x_B, x_C) = \left(\frac{\widehat{\mu}_1(x_A, x_B, x_C) - 60}{90 - 60} \right), \quad 60 \le \widehat{\mu}_1 \le 90$$

となります．ただし，$\widehat{\mu}_1 < 60$ のときは 0, $90 \le \widehat{\mu}_1$ のときは 1 です．

次に，望目特性である活性度の満足度関数を示すと，

$$\widehat{d}_2(x_A, x_B, x_C) = \left(\frac{\widehat{\mu}_2(x_A, x_B, x_C) - 55}{57.5 - 55} \right), \quad 55 \le \widehat{\mu}_2 \le 57.5$$

$$= \left(\frac{60 - \widehat{\mu}_2(x_A, x_B, x_C)}{60 - 57.5} \right), \quad 57.5 \le \widehat{\mu}_2 \le 60$$

となります．ただし，$\widehat{\mu}_2 < 55$ および $60 < \widehat{\mu}_2$ のときは 0 とします．

これより，(6.21) 式で与えられる幾何平均

$$D(x_A, x_B, x_C) = \left(\prod_{j=1}^{2} \widehat{d}_j(x_A, x_B, x_C) \right)^{1/2}$$

$$= \left(\widehat{d}_1(x_A, x_B, x_C) \times \widehat{d}_2(x_A, x_B, x_C) \right)^{1/2}$$

が最大となる因子の水準を数値的に求めると，次のようになります．

$$x_A^* = -0.576,, \ x_B^* = 1.000, \ x_C^* = -0.4337$$

117) 既に述べたように，JMP では裾の部分をそれぞれ指数関数，中心部分を 3 次関数とした満足度関数を用いています．

これらを予測モデルに代入すると，点推定値および95%信頼区間は

$$\widehat{\mu}_1(x_A, x_B, x_C) = 86.50, \ (81.08, 91.91)$$
$$\widehat{\mu}_2(x_A, x_B, x_C) = 57.50, \ (55.48, 59.53)$$

となり，それぞれ十分な要求レベルを満たしていることがわかります．図 6.32 は，横軸には因子 x_A, x_B, x_C，縦軸にはそれぞれの応答の推定値 $\widehat{\mu}_1, \widehat{\mu}_2$，そして総合的な満足度 $D(x_A, x_B, x_C)$ を表示しています． □

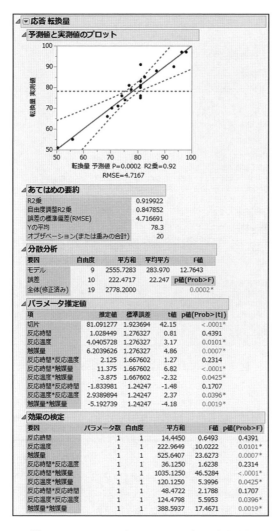

図 **6.30** JMPによるモデルのあてはめ (1)

168　6　実験計画法—応答曲面法とロバスト設計—

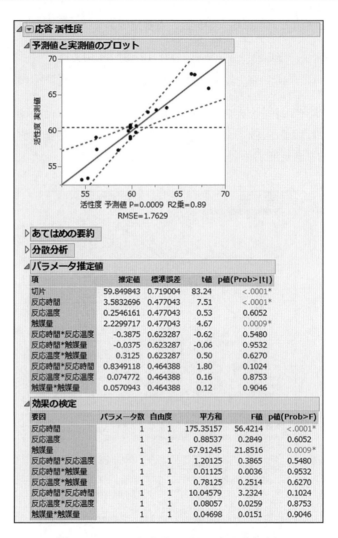

図 6.31　JMP によるモデルのあてはめ (2)

JMP を用いた解析（応答曲面解析—重回帰分析—）

- **重回帰分析**：データテーブルの左上にある「モデル」の三角ボタンをクリックし，[スクリプトの実行] を選択すると，「モデルのあてはめ」のダイアログが表示されます．ここで，転換量および活性度の 2 つの応答に関する 2 次モデル（フルモデル）が表示されていることを確認して [実行] ボタンをクリックすると，図 6.30 および図 6.31 のように出力結果が表示されます．

―― JMPを用いた解析（予測プロファイル）――

- **予測プロファイル**：「最小2乗法によるあてはめ」の横の赤い三角ボタン▽をクリックし，[プロファイル] → [プロファイル] を選択すると，予測プロファイルが表示されます．
- **満足度関数による最適化**：[予測プロファイル] の横の赤い三角ボタン▽をクリックし，[最適化と満足度]→[満足度の最大化] をクリックすると，図 6.32 が出力されます．なお，最適条件を求める際に予測モデルが有効であるのは，基本的にデータを収集した実験領域内で探索する場合に限ることに注意してください．

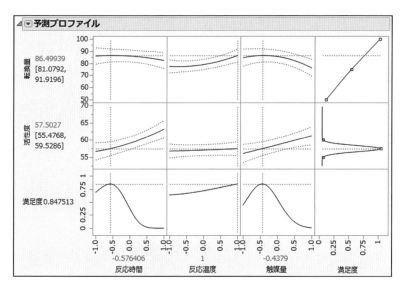

図 6.32　JMP による予測プロファイル

6.8 制約付きロバスト最適化

【例】 宮川 (2000) の第 6 章で紹介されている降雪地域用タイヤの発泡ゴムの実験データを用いて，制約付きロバスト最適化を解説します．本実験は，発泡率のばらつきの原因となる誤差因子をコントロールするのではなく，「有効な制御因子と誤差因子の交互作用をみつけること」により，誤差因子の影響を減衰させることが目的となります．

信号因子 M の水準は，$25 \pm 5\%$ という顧客要求の目標値を意識し，発泡剤の範囲を $M_1 : 3.9, M_2 : 4.3, M_3 : 4.7$ と等間隔に設定しています（図 6.33）．

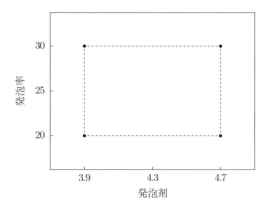

図 6.33 顧客の要求領域

発泡剤の量を M，発泡率を y としたとき，この両者に求められる関係として，次のように**切片のある 1 次式**を想定します．

$$y = \beta_0 + \beta_1 M \tag{6.33}$$

誤差因子 N は練りゴムの水分率で，N_1：低水分率 (0.52%)，N_2：高水分率 (0.81%) の 2 水準としています[118]．制御因子としては，加硫時間 A（2 水準），加硫圧 B（3 水準），加硫温度 C（3 水準），ムーニー比 D（3 水準），繰り返し率 E（3 水準），処理温度 F（3 水準）の 6 因子を取り上げ，表 6.12 に示すような**混合系直交表** L_{18} に割り付けて，実験データを採取しています．ただし，2 水準の場合には第 1 水準を -1，第 2 水準を 1 とし，3 水準の場合には第 1 水準を -1，第 2 水準を 0，第 3 水準を 1 とします．

---

[118] **誤差因子**とは，ユーザの使用の場では誤差要因として振る舞う因子のことです．ロバスト設計では，実験の場で意図的に誤差因子を設定します．

表 6.12 発泡率に関する実験データ（宮川 (2000)，p.181）

No.	A 1	B 2	C 3	D 4	5	E 6	F 7	8	M_1 N_1	N_2	M_2 N_1	N_2	M_3 N_1	N_2
1	1	1	1	1	1	1	1	1	19.10	26.69	19.98	29.31	21.67	31.50
2	1	1	2	2	2	2	2	2	15.15	22.95	18.84	26.34	22.84	28.57
3	1	1	3	3	3	3	3	3	13.49	15.34	14.34	16.87	15.04	17.61
4	1	2	1	1	2	2	3	3	5.98	5.09	6.59	5.62	6.93	6.65
5	1	2	2	2	3	3	1	1	7.62	15.62	8.09	15.26	8.96	17.68
6	1	2	3	3	1	1	2	2	20.50	23.62	23.39	27.18	26.57	31.27
7	1	3	1	2	1	3	2	3	4.30	4.38	4.49	3.07	4.68	5.76
8	1	3	2	3	2	1	3	1	8.72	10.73	9.98	11.83	11.04	12.81
9	1	3	3	1	3	2	1	2	11.17	19.96	11.98	20.34	12.96	22.92
10	2	1	1	3	3	2	2	1	10.81	15.20	11.70	16.12	12.96	18.03
11	2	1	2	1	1	3	3	2	7.96	9.00	8.17	9.78	8.38	10.56
12	2	1	3	2	2	1	1	3	31.80	46.56	33.10	50.67	35.54	54.87
13	2	2	1	2	3	1	3	2	7.97	8.01	8.75	8.97	9.49	9.73
14	2	2	2	3	1	2	1	3	9.90	16.50	11.34	18.85	12.78	21.20
15	2	2	3	1	2	3	2	1	7.73	11.31	10.18	14.60	12.12	16.36
16	2	3	1	3	2	3	1	2	3.41	5.08	3.82	6.30	4.18	7.30
17	2	3	2	1	3	1	2	3	8.36	13.95	10.14	14.95	11.85	16.10
18	2	3	3	2	1	2	3	1	8.80	8.75	9.93	8.96	11.06	9.17

実験データとグラフ化

　表6.12の実験データをもとに，混合系直交表 L_{18} の18通りの各条件で，切片のある1次式からどの程度乖離があるかを観察します．誤差因子 N の各水準で層別したグラフを図6.34に示すと，切片のある1次式の想定はモデル適合の観点から問題はなさそうです．

　図6.34より，18通りの条件は以下の4つのタイプに分類されます．

[1] 乖離は小さく，傾きが急である．No.6, 8, 15

[2] 乖離は大きいが，傾きは急である．No.2, 10, 12, 17

[3] 乖離は小さいが，傾きも緩い．No.3, 4, 7, 11, 13, 16, 18

[4] 乖離は大きく，傾きが緩い．No.1, 5, 9, 14

　このとき，注意しなければならないのは「要求域の存在」であり，これを通過するという観点で設計しなければなりません．実験No.6が18通りの中ではよさそうですが，乖離が大きいため，これがもう少し小さくなるように最適な水準値を探索する必要があります．

172　6　実験計画法—応答曲面法とロバスト設計—

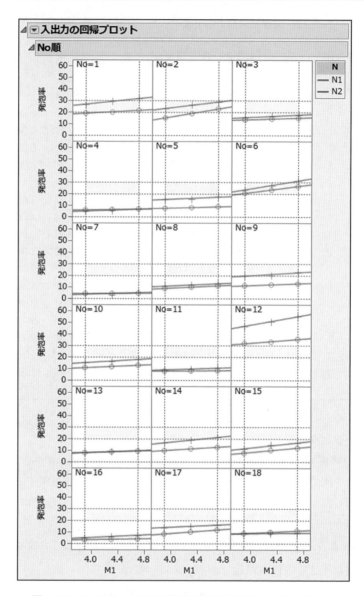

図 6.34　S-RPD による発泡率に関する実験データのグラフ

■混合系直交表

Fisher 流実験計画（伝統的な実験計画）や田口流実験計画（ロバスト設計）では，多数の制御因子を効率的に検討するために直交実験が活用されてきました．伝統的な実験計画では，**2 水準系直交表** L_8, L_{16}, L_{32} や **3 水準系直交表** L_9, L_{27} がよく用いられます．一方，ロバスト設計では，L_{18} 混合系直交表（2 水準の因子と 3 水準の因子が混合）と呼ばれる直交表の利用が勧められています．

実際，これらの直交表を用いると，どのくらいの実験の回数を減らせるでしょうか．例えば，L_{18} **混合系直交表**において 8 つの制御因子を取り上げ，すべての組み合わせに対して実験を行うと，4374 通り ($= 2 \times 3^7$) の実験をしなければなりません．しかし，L_{18} 直交表を用いると 18 通りの実験でよく，実験数は 1/243 になります．

混合系直交表を用いると，実験数を減らすことができます．しかし混合系直交表は，「制御因子間の交互作用は要因として取り上げない」場合にのみ用いることができます．実際，混合系直交表では制御因子間の交互作用を割り付けても，その要因効果を推定することはできません．

混合系直交表は，ある 2 列に割り付けた制御因子間に交互作用がある場合，その「交互作用の影響がさまざまな効果に比較的均一に分配される」ので，極端に誤った解釈は起こりにくいという特徴があります．通常の 2 水準系直交表 L_8, L_{16} や 3 水準系直交表 L_{27} などは，ある特定の列と 2 列間の交互作用とが必ず完全に交絡します．よって，混合系直交表を用いるということは，制御因子の交互作用は無視し（設計開発段階では，交互作用があるかどうかわからないとし），主効果だけを評価するという立場をとることになります．

ロバスト設計では，制御因子間の交互作用を無視した点に関しては，データから得られた最適水準組み合わせで**確認実験**を行うことで再現性をチェックします．

混合系直交表 L_{18} には，他にも次のような特徴があります．直交表の行数は 18 なので，自由度は 17 ($= 18 - 1$) です．一方，列の自由度は 2 水準の列が 1 つと 3 水準の列が 7 つなので，単純に自由度を求めると 15 ($= 1 + 14$) となり，一致していません．この残りの自由度 2 は，実は第 1 列と第 2 列の交互作用成分の自由度となって現れることが知られています．また，これらの列を組み合わせてできる 6 水準の因子は，残りの第 3 列から第 8 列まですべてと直交しています．

6　実験計画法—応答曲面法とロバスト設計—

┌─ S-RPD を用いた解析（データセットの作成とグラフ化）─────

- **データセットの作成**：[アドイン] の [S-RPD] → [テーブル] → [計画の作成] を選択し，直交表の外側に誤差因子と信号因子を割り付けた直積配置のデータセットを作成します.

- **出力の設定**：「特性値の名称」を [発泡率] とし，その仕様下限と上限にそれぞれ 20 および 30（目標値 25 ± 5）と入力します.

- **信号因子の設定**：「計画表」を [1 因子] とし，因子の水準を [3] に設定します.「因子名」を [発泡剤]，「タイプ」を [量的] とし，水準は等間隔に [3.9], [4.3], [4.7] とします.

- **入出力の関係**：[1 次] を選択し，切片のある 1 次式モデルを仮定します.

- **制御因子の計画**：「計画表」は，本事例では混合系の直交表 [$L_{18}(2^1 \times 3^7)$] を選択し，該当する因子の「割付」ボックスにチェックを入れます.「タイプ」はすべて量的因子で，2 水準の場合には第 1 水準を [−1]，第 2 水準を [1] とし，3 水準の場合には第 1 水準を [−1]，第 2 水準を [0]，第 3 水準を [1] とします.

- **誤差因子の計画**：誤差因子は 1 因子 2 水準なので，「計画表」の中の [1 因子] を選択し，「因子の水準数」に [2] と入力します.「割付」のボックスにチェックを入れ，「因子名」に [水分率] と入力し，それぞれ N_1, N_2 としておきます.

- データに繰り返しがある場合には，[オプション] をクリックし，「実験の繰り返し数」「サンプルの繰り返し数」を入力してください．これらすべてを入力した後，[計画の生成] ボタンをクリックすると，データセットが生成されます.

- **データのグラフ化**：[アドイン] の [S-RPD] → [グラフ] → [推移/回帰プロット] を選択することで，図 6.34 のように実験 No. ごとのデータと回帰直線が誤差因子の水準別に表示されます．デフォルトでは，信号因子の水準の範囲が中央になるように出力されていますが，[入出力の回帰プロット] の横の赤い三角ボタン ▽ をクリックし，[原点を表示/非表示] で切り替えることも可能です．また，[重ね合わせ] をクリックすることで，すべての実験の回帰直線が重ねて表示されます.

- 一番下の [数値表] を押すと，実験 No. および誤差因子ごとの偏回帰係数（切片および傾き）の推定値，寄与率，誤差の標準偏差 (RMSE) が表示されます.

└──────────────────────────────────────

■統計モデルによる動特性のロバスト設計

信号因子 M を既知定数とし，次のような切片のある 1 次式モデル

$$Y = \beta_0(x, N) + \beta_1(x, N)M + \varepsilon, \quad \varepsilon \sim N(0, \sigma^2) \tag{6.34}$$

を想定します．これは**応答関数モデル**とも呼ばれています．ここで，切片 $\beta_0(x, N)$ および傾き $\beta_1(x, N)$ は，制御因子 $x = (x_1, x_2, \ldots, x_p)$ と誤差因子 N の関数であることに注意してください.

母数 $\beta_i(x, N)$, $i = 0, 1$ については平均パート $L_i(x)$ と乖離パート $D_i(x)$ に分割します．さらに，1 因子 2 水準の誤差因子 N_k に対応させたダミー変数 $z(= \pm 1)$ を用いて表すと，

$$\beta_{ik}(x, N_k) = L_i(x) + D_i(x)z \qquad (6.35)$$

となります．

本事例のように**混合系直交表** L_{18} を用いる場合には，制御因子間の交互作用項をモデルから外し，1 次および 2 次のみの 2 次モデルを想定することになります．このとき，平均パート $L_i(x)$ は

$$L_i(x) = a_{(i, 0)} + \sum_{j=1}^{p} a_{(i, j)} x_j + \sum_{j=1}^{p} a_{(i, jj)} x_j^2 \qquad (6.36)$$

と表すことができます．ここで，$a_{(i, j)}$ は因子 x_j の 1 次効果を，$a_{(i, jj)}$ は因子 x_j の 2 次効果を表します．同様に，乖離パート $D_i(x)$ についても 2 次モデルを想定します．

ここでは，1 因子 2 水準の誤差因子 N_k, $k = 1, 2$ に対応する母数 $\beta_{ik}(x, N_k)$ の推定式を求めます．ただし $\beta_{ik}(x, N_k)$ は，β_i の「誤差因子の水準 k に対応する制御因子 x と誤差因子 N_k の関数」です．まず，制御因子が規定する処理条件で，誤差因子の水準 k 別に各母数の推定値

$$\widehat{\beta}_{1k} = \frac{\sum_{j=1}^{m}(y_{jk} - \bar{y})(M_j - \bar{M})}{\sum_{j=1}^{m}(M_j - \bar{M})^2}, \quad \widehat{\beta}_{0k} = \bar{y} - \widehat{\beta}_{1k}\bar{M} \qquad (6.37)$$

を計算します．

次に $\widehat{\beta}_{ik}$ を解析データとみなし，最小 2 乗法を用いて推定式を求めると，

$$\widetilde{\beta}_{ik}(x, N_k) = \widetilde{L}_i(x) + \widetilde{D}_i(x)z \qquad (6.38)$$

と表現できます．ただし，取り上げた制御因子のすべてが効いているわけではないので，変数選択法により効果のある因子を選択してモデルを決定します．

ここで，誤差因子が第 1 水準 N_1 ($z = 1$) および第 2 水準 N_2 ($z = -1$) のときの推定式は，それぞれ

$$\widetilde{\beta}_{i1}(x, N_1) = \widetilde{L}_i(x) + \widetilde{D}_i(x)$$
$$\widetilde{\beta}_{i2}(x, N_2) = \widetilde{L}_i(x) - \widetilde{D}_i(x)$$

と表現することができます．

【解析結果】 まず，制御因子が規定する処理条件ごとに，切片のある1次式モデルを想定します．ただし，元の信号因子の水準に対して**中心化変換** $M_{1\#}: -0.4, M_{2\#}: 0, M_{3\#}: 0.4$ を施し，解析を行っていることに注意してください．

半正規プロットにより，中心化切片 $\widehat{\beta}_0$ および傾き $\widehat{\beta}_1$ に影響する因子を特定します．図 6.35 の $\widehat{\beta}_0$ に関する半正規プロットを見ると，平均に対して効果の大きな因子は B, C, E, F であり，因子 F は乖離に対しても効果が大きいことがわかります．また因子 B と D に関しては，2次の効果が大きいことも確認できます．さらに，$\widehat{\beta}_1$ の平均に対する効果が大きい因子は B, C, E, F であり，因子 B と F に関しては2次の効果が大きく，乖離に関しては F の効果も大きいことがわかります．

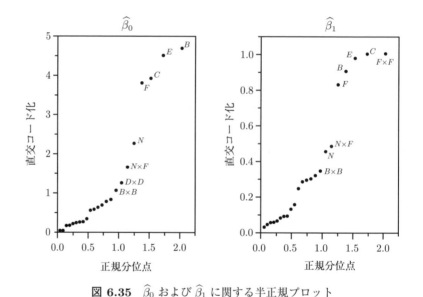

図 6.35 $\widehat{\beta}_0$ および $\widehat{\beta}_1$ に関する半正規プロット

一方，自由度調整済み寄与率規準によって変数選択を行った予測モデルは，次式で与えられます．ただし，追加と除去の規準を 1.0% としています．

$$\widetilde{\beta}_0 = 14.801 - 5.745x_B + 4.812x_C + 0.415x_D - 5.526x_E - 4.665x_F$$
$$+ 2.267(x_B^2 - 2/3) - 2.663(x_D^2 - 2/3) + (-2.271 + 2.033x_F)z \quad (6.39)$$

$$\widetilde{\beta}_1 = 3.668 - 1.109x_B + 1.229x_C - 1.200x_E - 1.017x_F$$
$$- 0.731(x_B^2 - 2/3) - 2.131(x_F^2 - 2/3) + (-0.454 + 0.593x_F)z \quad (6.40)$$

6.8 制約付きロバスト最適化　177

　表 6.13 に，分散分析表をそれぞれ示しておきます．表 6.13 (a) を見ると，切片 $\widetilde{\beta}_0$ に関する平均パートの効果は，因子 B, C, E, F が大きいことがわかります．なお，因子 D を選択しているのは，$D \times D$ の効果が大きいためです．乖離パートに関する効果は，因子 F が大きいことも確認できます．

表 **6.13** (a) 　変数選択後の中心化切片 $\widetilde{\beta}_0$ に対する分散分析表

要因	平方和	自由度	平均平方	F 値	p 値	R^2
B	792.0057	1	792.0057	89.373	<.0001	24.32
C	555.6513	1	555.6513	62.702	<.0001	16.98
D	4.1306	1	4.1306	0.466	0.5008	0.00
E	732.8360	1	732.8360	82.696	<.0001	22.48
F	522.3867	1	522.3867	58.948	<.0001	15.95
$B \times B$	41.1274	1	41.1274	4.641	0.0407	1.00
$D \times D$	56.7172	1	56.7172	6.400	0.0178	1.49
N	185.5952	1	185.5952	20.943	0.0001	5.49
$N \times F$	99.1589	1	99.1589	11.189	0.0025	2.80
モデル	2989.6090	9	332.1788	37.484	<.0001	90.51
e	230.4081	26	8.8618			9.49
T	3220.0171	35				

　次に表 6.13 (b) より，傾き $\widetilde{\beta}_1$ に対する平均パートの効果は因子 B, C, E, F が大きく，いくつかの 2 次項が効いていることがわかります．また，乖離パートに関する効果は，因子 F が大きいことが確認できます．

表 **6.13** (b) 　変数選択後の傾き $\widetilde{\beta}_1$ に対する分散分析表

要因	平方和	自由度	平均平方	F 値	p 値	R^2
B	29.5371	1	29.5371	13.935	0.0009	11.48
C	36.2604	1	36.2604	17.107	0.0003	14.29
E	34.5600	1	34.5600	16.305	0.0004	13.58
F	24.8067	1	24.8067	11.703	0.0020	9.50
$B \times B$	4.2778	1	4.2778	2.018	0.1669	0.90
$F \times F$	36.3378	1	36.3378	17.143	0.0003	14.33
N	7.4143	1	7.4143	3.498	0.0723	2.22
$N \times F$	8.4313	1	8.4313	3.978	0.0563	2.64
モデル	181.6254	8	22.7032	10.711	<.0001	68.94
e	57.2304	27	2.1196			31.06
T	238.8557	35				

本事例は本来，製造条件に関する望目特性の問題です．しかしながら，さまざまな目標値（顧客要求）に対応するために，調整因子を用いた動特性の問題として扱っています．その目的は，中心化切片 β_0 を目標値 25％に一致させ，次の矩形（発泡率と発泡剤のそれぞれの範囲から構成される領域）を満たすことです (図 6.33)．

$$\text{発泡率：} 20 \sim 30\text{％}, \quad \text{発泡剤：} 3.9 \sim 4.7 \quad [\text{PHR}]$$

さらに，傾き β_1 が急であれば，幅広くさまざまな顧客要求に対応できますが，ここでは傾きをより急にするよりも，切片と傾きの分散 $\text{Var}_N[\beta_0(x, N)]$，$\text{Var}_N[\beta_1(x, N)]$ を最小化する（誤差因子に対応する 2 本の回帰直線の乖離を減衰する）ことを優先します．

S-RPD を用いた解析（応答関数モデリングによる最適化）

- **効果のある因子の視覚化**：[アドイン] の [S-RPD] → [分析] → [モデリング] → [応答（関数）モデル/分散分析] をクリックすると，寄与率 R^2 および自由度調整済み寄与率 R^{*2} のグラフが表示されます．その下に制御因子と誤差因子に効果のある因子が p 値を規準に分類し視覚化され，効果のある因子を確認できます．

- **半正規プロットによる変数選択**：半正規プロットを見ながら手動で変数選択をする場合には，「変数選択」における要因（因子）のボックスに直接チェックを入れるとよいでしょう．

- **中心化偏回帰係数**：変数選択後の中心化切片および傾きの偏回帰係数は，「中心化偏回帰係数」の横の三角ボタンを押すと表示されます．(6.39) 式および (6.40) 式は，これらをもとに定式化したものです．ここで，後ほど最適化を行うために [応答（関数）モデリング/分散分析]→ [予測変数の保存] をクリックして，データテーブルに結果を保存しておきます．

- **2 段階設計法による最適化**：メニューの [アドイン] の [S-RPD] → [分析] → [最適化] をクリックします．第 1 段階：「乖離パートの中心化切片」および「乖離パートの傾き」の目標を [最小化] し，「平均パートの傾き」を [最大化] して，[最適化] ボタンをクリックします．これら第 1 段階で最適化された因子 B, C, E, F の水準値を固定（ロック）します．第 2 段階：第 1 段階でこれらの水準値を固定したうえで，第 2 段階で「平均パートの中心化切片」の目標を [目標値に合わせる] とし，その上限下限値にともに [25] を入力して [最適化] ボタンをクリックすると，図 6.36 のように出力結果が表示されます．ここで因子 A は変数選択されていないので，最適化に影響されません．なお，図にはそれぞれ推定値が表示され，その右側に最適化後の推定式がグラフ化されています．

第1段階：切片 $\beta_0(x,N)$ および傾き $\beta_1(x,N)$ の分散 $\mathrm{Var}_N[\beta_0(x,N)]$（切片の乖離パート），$\mathrm{Var}_N[\beta_1(x,N)]$（傾きの乖離パート）を最小化させ，傾きの期待値 $E_N[\beta_1(x,N)]$（傾きの平均パート）が最大になるような制御因子の最適水準値 x^* を求めます．

この最適化問題を解くと，

$$x_B^* = -0.759,\ x_C^* = 1,\ x_E^* = -1,\ x_F^* = 0.766$$

を得ます．ここで得られた解の制御因子の水準を固定します．

第2段階：第1段階で決定した因子の水準を固定したもとで，中心化切片 $\widetilde{\beta}_0$ を目標値25%に調整します．実際にこれらの制約条件のもとで最適化問題を解くと，これを満たす解の1つとして

$$x_B^* = -0.759,\ x_C^* = 1,\ x_D^* = -0.893,\ x_E^* = -1,\ x_F^* = 0.766$$

を得ます．このとき，図6.36のように目標値25%に一致し，傾き $\widetilde{\beta}_1$ は6.398となります． □

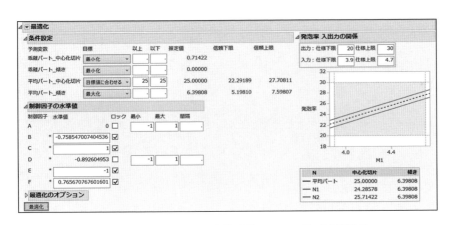

図 6.36　S-RPD による応答関数モデルに基づく最適化

7 コンピュータ実験

コンピュータ実験計画は，物理法則やシミュレーションなどの決定論的なデータに対して，近似モデルをあてはめる場合に有効です．コンピュータ実験では，システム内の変数間に存在する複雑な関係をシミュレートするため，複雑なモデルになることがあります．このとき，単純な Box 流の応答曲面モデルではなく，Gauss 過程モデルによるモデリングが有効な場合もあります．

本章では，コンピュータ実験計画の1つである一様計画に基づき，システムの挙動を予測する近似モデルを構築し，そこから最適化を行うまでの一連のストーリーを解説します．さらに本章では，製造および設計段階おけるロバスト設計に対するアプローチを解説します．

7.1 コンピュータ実験の基礎

近年,有限要素法や微分方程式の数値解法等,**コンピュータ実験**(computer experiments)に基づく技術開発が盛んになってきています.この種の実験では,繰り返し誤差はなく,実実験に比べて制御因子の水準幅を大きくすることができます.その一方で,応答曲面の形状が実実験に比べて複雑なものになる傾向があります.このような複雑な形状の応答関数を眺めるための実験計画として,Fang (1980)[119] によって提案された**一様計画**が知られています.本節では,一様計画とそれに基づく応答曲面解析を解説します[120].

■シミュレータによる紙ヘリコプター実験

紙ヘリコプターを題材に,3つの制御因子を取り上げた場合のコンピュータ実験計画とその解析方法を解説します.ここで紙ヘリコプターの実験データは,何らかのフライトシミュレータ(コンピュータ上でのシミュレートされたデータ)を通じて得られるものとし,それら決定論的なデータに対して,比較的単純な**近似モデル**を構築することにします.

図 7.1 に量的な制御因子として,羽の幅 A,羽の長さ B,全長 C を取り上げた紙ヘリコプターを示します.ただし,各制御因子の水準値は,コード化した**実行可能領域** $A \in [-1, 1], B \in [-1, 1], C \in [-1, 1]$ としておきます.本実験の目的は,コンピュータ実験計画に基づき,飛行時間を長くするための最適条件を探索することです.

[119] Fang, K.T.(1980), The Uniform Design: Application of Number-Theoretic Methods in Experimental Design, *Acta Mathematicale Applicate Sinica*, **3**, 363–372.

[120] 一様計画は,**Space-Filling 計画**の1つで,他にもラテン超方格や最大エントロピー計画なども知られています.

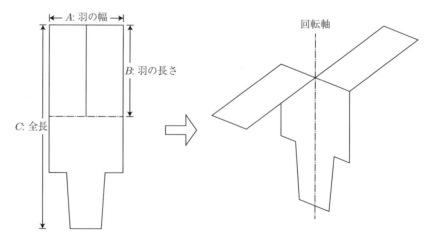

図 7.1 紙ヘリコプター(3 因子の場合)

■一様計画

一様計画 (uniform design) とは,「実験点が空間上に一様にランダムに分布している計画で,かつ実験回数 N と等しい水準数を持つ多水準の計画」のことです.このとき,その実験計画の一様性を測る基準 (measures of uniformity) として,**ディスクレパンシ** (discrepancy) 最小化基準が知られています[121].

いま,p 個の制御因子があるとし,それを $x = (x_1, x_2, \ldots, x_p)$ と表します.また,各因子 x_i の水準幅は $[a_i, b_i], i = 1, 2, \ldots, p$ とします.このとき実験回数 N 回とし,得られたデータを $P_N = \{X_1, X_2, \ldots, X_N\}$ とすれば,x における**経験分布関数**は

$$F_E(x) = \frac{1}{N} \sum_{i=1}^{N} I\{X_i \leq x\} \tag{7.1}$$

で定義されます.ただし $X_i \leq x$ は,すべての $j = 1, 2, \ldots, p$ に対して $X_{ij} \leq x_j$ であることを表しています.また,$I(\cdot)$ は指示関数 (indicator function) であり,$\{X_i \leq x\}$ のときには 1,それ以外のときには 0 をとる関数です.

一方,区間 $[a_i, b_i]$ 上の p 次元一様分布の累積分布関数を

$$F(x) = \prod_{i=1}^{p} \left(\frac{x_i - a_i}{b_i - a_i} \right) \tag{7.2}$$

と表現するとき,ディスクレパンシは実験領域 R^p に対して統計量

$$D(P_N) = \sup_{x \in R^p} |F_E(x) - F(x)| \tag{7.3}$$

で定義され,この値が小さい場合には一様に実験点が分布していると考えます.これは Kolmogorov-Smirnov 検定統計量として知られており,N 個の標本に基づいて母集団の確率分布 (例えば一様分布や正規分布) が帰無仮説を仮定した分布と異なっているかどうかを調べるために用いられます.

他のディスクレパンシとしては,実験領域 R^p 上で

$$D(P_N) = \left(\int_{x \in R^p} |F_E(x) - F(x)|^q dx \right)^{1/q} \tag{7.4}$$

で定義されるものもあります.これは L^q ディスクレパンシとも呼ばれ,$q = \infty$ のとき (7.3) 式に一致します.

例えば,2 つの制御因子に対して,一様計画に基づく水準点を JMP を用いて生成してみます.ここでは実行領域をそれぞれ $A \in [-1, 1]$,$B \in [-1, 1]$ とし,実験回数 $N = 7$ とすると,図 7.2 のような水準点の組になります[122].

121) JMP では,Hickernell により提案された中心化 L^2 ディスクレパンシを用いて計算されています.Hickernell, F.J.(1998), A generalized Discrepancy and Quadrature Error Bound, *Mathematics of Computation*, **67**, 299–322.

122) 一様計画では,水準点の散らばりは重視されないため,それらの最短距離はさまざまな値になっていることに注意してください.

―― JMP を用いた解析（一様計画によるデータセットの生成）――

- **一様計画**：メニューにある [実験計画（DOE）] をクリックし，[特殊な目的]→[Space Filling 計画] を選択すると，図 7.3 が表示されます．
- **応答**：「応答名」を [飛行時間] とし，目標は [最大化] を選択します．
- **因子**：「N 個の因子を追加」を 3 とし，[連続変数] ボタンをクリックします．因子名を「羽の幅 A」，水準をデフォルトのコード化された水準値（-1 と 1）としておきます．同様に，羽の長さ B，全長 C についても水準値をそれぞれ入力します．図 7.3 は応答と因子の水準値を入力した出力結果です．これで良ければ [続行] ボタンをクリックします．
- **実験回数**：「Space Filling 計画手法」を指定するためのパネルで，ここでは実験の回数を [7] とし，[一様] ボタンをクリックすると，一様計画に基づく制御因子の水準値とディスクレパンシの結果が表示されます．
- **データ生成**：「テーブルの作成」ボタンをクリックすると，データセットを作成するためのテーブルが図 7.4 のように表示されます．ただし，各制御因子は乱数を用いて生成されているため，一般には図 7.4 の水準値と異なります．さらに，「飛行時間」に規定された制御因子の水準組み合わせに対し，シミュレーションで生成された飛行時間データを入力します．
- **グラフ化**：[グラフ化]→[グラフビルダー] をクリックし，例えば X 軸に因子 A，Y 軸に因子 B をそれぞれドラッグ&ドロップすると，一様計画に基づく制御因子の 7 組の実験点が図 7.2 のように表示されます．

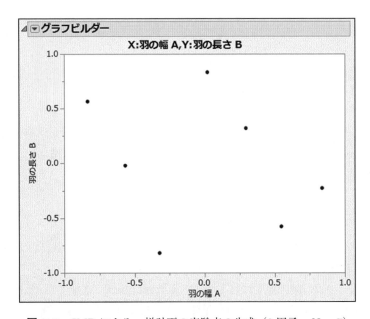

図 7.2 JMP による一様計画の実験点の生成（2 因子，$N=7$）

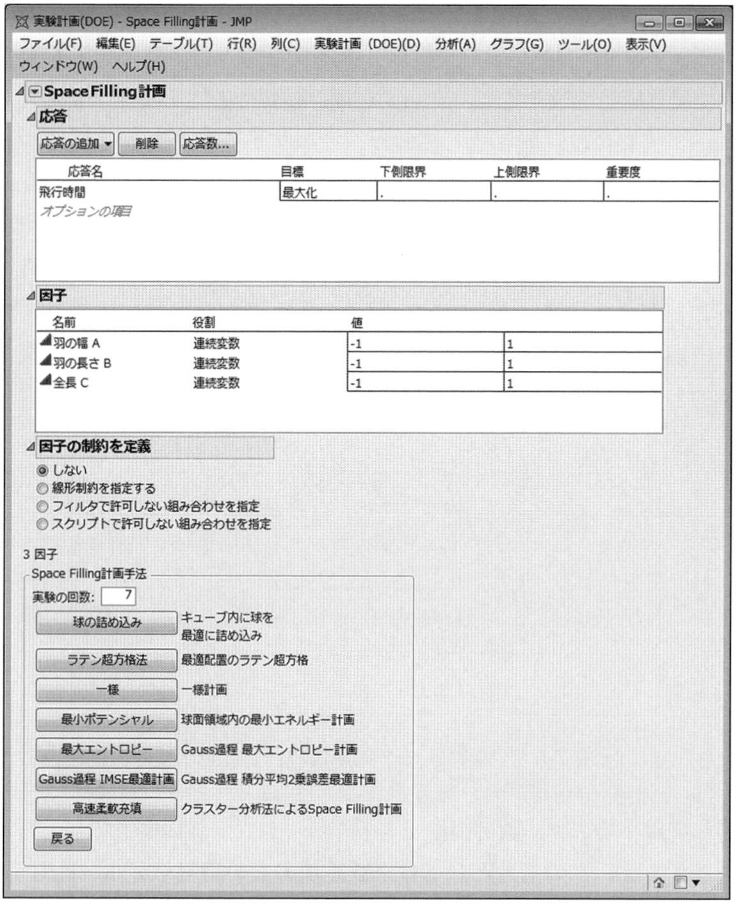

図 7.3　データセット作成のためのダイアログ

図 7.4　JMP による一様計画に基づく飛行時間のデータ

■コンピュータ実験における近似モデル

コンピュータ実験が Fisher 流実験計画と異なる点は，制御因子が規定された条件で繰り返し実験しても，データが同じ値になることです．すなわち，コンピュータ実験には，繰り返し誤差が含まれていないことが特徴です．

コンピュータ実験計画は，微分方程式の数値解法などの決定論的な大規模データに対して，モデルを構築するのに有効です．コンピュータ実験では，システム内の変数（因子）間に存在する関係がシミュレートできるため，複雑になることがあります．ここでは，因子の限られた範囲におけるシステムの挙動を予測するために，比較的単純なモデルによって真の関数を近似することを目的としています．図 7.5 にそのイメージ図を示します[123]．

> [123] 一般にシステムにおける関数形は未知で複雑であり，その計算には膨大な時間を要します．コンピュータ実験の目的は，一様計画などを用いて，真の関数を近似したモデルを求めることです．これら次世代の技術開発については，JMP のような先端の統計ソフトウェアや数値シミュレーションによる最適化技術が必要不可欠になってきます．

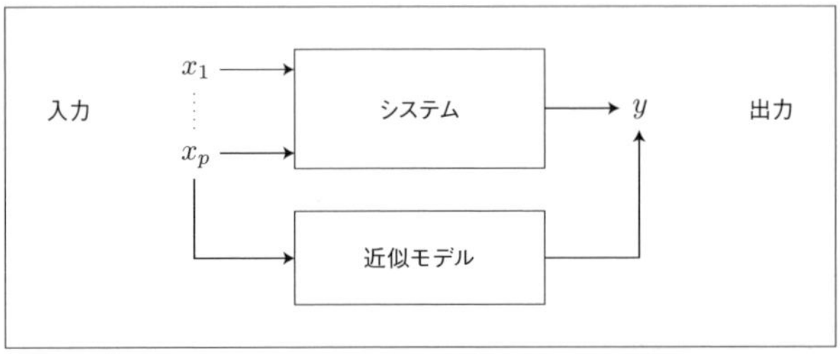

図 7.5 コンピュータ実験における近似モデル

応答 y の母平均 μ が，制御因子 $x = (x_1, x_2, \ldots, x_p)$ の関数で与えられているとします．データの構造としては，**誤差項のない応答モデル（近似モデル）**

$$y = \mu(x) \tag{7.5}$$

を想定します．さらに，$x = (x_1, x_2, \ldots, x_p)$ に関して，2 次モデル

$$\mu(x) = a_0 + \sum_{i=1}^{p} a_i x_i + \sum_{1 \leq i < j \leq p} a_{ij} x_i x_j + \sum_{i=1}^{p} a_{ii} x_i^2 \tag{7.6}$$

を想定し，AIC 最小化基準などによりステップワイズ回帰を行います[124]．

> [124] 一様計画では，より高次なモデルが応答曲面の近似に用いられます．多項式モデルの他には，B-スプラインや Kriging などによる近似モデルが知られています．

このとき，特性 y と最小 2 乗法により求めた近似モデル $\widehat{y}$ の差

$$e(x) = y - \widehat{y} = \mu(x) - \widehat{\mu}(x) \tag{7.7}$$

には，モデルの**あてはまりの悪さ (LOF)** ないしは**バイアス**のみが含まれます．コンピュータ実験の場合には繰り返し誤差はなく，再現性があるため，同一水準での実験を複数回行っても意味はありません．

─ JMP を用いた解析（応答曲面解析と予測プロファイル）───────────

- **重回帰分析**：メニューの [分析] → [モデルのあてはめ] を選択します．「飛行時間」を [Y] に指定し，「羽の幅」「羽の長さ」および「全長」を選択し，[追加] ボタンを押します．手法：[標準最小2乗]，強調点：[要因のスクリーニング] あるいは [最小レポート] を選択して [実行] を押すと，図 7.6 が出力されます．
- **満足度関数による最適化**：「予測プロファイル」の横の赤い三角ボタン ▽ をクリックし，[最適化と満足度]→ [満足度の最大化] を選択すると，図 7.6 の一番下のように最適解が得られます．

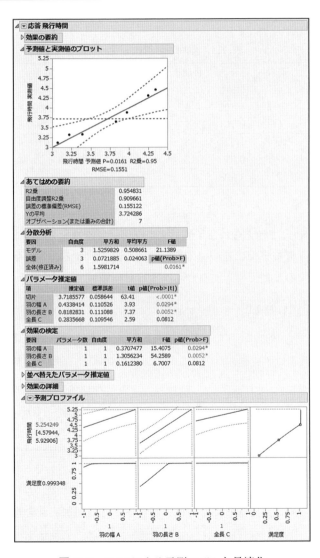

図 7.6 JMP による予測モデルと最適化

【解析結果】 図 7.6 を見ると，因子 A および因子 B は 5% 有意となっています．因子 C に関しては 5% 有意ではありませんが，ここですべての制御因子を用いて予測モデルを求めると

$$\widehat{y} \equiv \widehat{\mu}(x) = 3.719 + 0.434x_A + 0.818x_B + 0.284x_C \tag{7.8}$$

となります．このとき，自由度調整済み寄与率は約 91% で，モデル適合も高いことがわかります．

図 7.6 より，分散分析表を表 7.1 にまとめておきます[125]．

表 7.1　重回帰分析の分散分析表

要因	平方和	自由度	平均平方	F 値	p 値
A	0.370	1	0.370	15.408	0.0294
B	1.306	1	1.306	54.259	0.0052
C	0.161	1	0.161	6.701	0.0812
モデル	1.526	3	0.509	21.139	0.0161
e	0.072	3	0.024		
T	1.598	6			

[125]　コンピュータ実験による分散分析の解釈については，いくつか注意が必要となります．コンピュータ実験において，F 値は検定統計量としての意味はありません．この場合には，高次の項の存在によるあてはまりの悪さ (LOF) を表す誤差分散と比較して，モデルで説明できる変動が 21.139 倍であると解釈します．

次に，(7.8) 式で与えられる予測モデルを用いて最適化を行います．本事例の目的は，近似モデルに基づいて飛行時間を最大にするような制御因子の水準値を決定することです．すなわち，**実行可能領域**である

$$D = \{(A, B, C) : -1 \le x_A \le 1, -1 \le x_B \le 1, -1 \le x_C \le 1\}$$

のもとで，

$$\widehat{\mu}(x_A^*, x_B^*, x_C^*) = \max_D \widehat{\mu}(x_A, x_B, x_C)$$

を満たす水準値 x_A^*, x_B^*, x_C^* を求めると，

$$x_A^* = 1, \ x_B^* = 1 \ x_C^* = 1$$

となります．このとき，点推定値は $\widehat{\mu}(x_A, x_B, x_C) = 5.25$ であり，95% 信頼区間は $(4.58, 5.93)$ で与えられます．いずれも端点解なので，さらに最適水準を探索するために設定値を同じ方向にシフトさせた追加実験を行うとよいでしょう．　□

7.2 コンピュータ実験—交流回路モデル—

【例】 ある交流回路（LR回路）における出力電流 y の理論式は，

$$y = \frac{V}{\sqrt{R^2 + (2\pi f L)^2}} \qquad (7.9)$$

で与えられます[126]．ここで，(7.9) 式における因子は

L：自己インダクタンス (0.010 ～ 0.030 [H])

R：抵抗 (0.5 ～ 9.5 [Ω])

f：入力した交流の周波数 (50 ～ 60 [Hz])

V：入力交流電圧 (90 ～ 110 [V])

であり，すべて量的因子です．

　この実験の目的は，コンピュータ実験計画（一様計画）に基づき，応答である出力電流を目標値 10.0 [A] に一致するような制御因子の水準を探索することです．決定論的モデルの特徴は，ランダムな誤差が存在しないことであり，近似モデルにおける残差は予測バイアスを表します．残差に何らかのパターンが見られる場合には，予測バイアスを減少させるために，効果的な項を追加したりより複雑なモデルをあてはめたりするとよいでしょう．

[126] 本事例では，理論式を簡単な既知のものにしていますが，通常，理論式は複雑で未知です．例えば，前節のように紙ヘリコプター実験では飛行シミュレータなどを用いてデータを生成させ，未知関数に対する近似モデルを構築することが目的となります．

┌─ JMP を用いた解析（一様計画によるデータセットの生成）─────

● **一様計画**：メニューにある [実験計画（DOE）] をクリックし，[特殊な目的]→[Space Filling 計画] を選択すると，ダイアログが表示されます．

● **応答**：「応答名」を [出力電流] とし，目標は [目標値に合わせる] を選択します．さらに，[下側限界] および [上側限界] をそれぞれ [9.5], [10.5] としておきます．

● **因子**：「N 個の因子を追加」を 4 とし，[連続変数] ボタンをクリックします．デフォルトの因子名を「V」，水準名（−1 と 1）を [90] および [110] に変更します．同様に，抵抗 R，周波数 f，自己インダクタンス L についても水準値をそれぞれ入力して [続行] ボタンをクリックします．

● **実験回数**：実験の回数を [30] とし，[一様] ボタンをクリックすると，一様計画に基づく制御因子の水準値およびディスクレパンシが表示されます．

● **データ生成**：データセットを作成するため [テーブルの作成] ボタンをクリックします．ここで「出力電流」を右クリックし，(7.9) 式で与えられる交流回路の「計算式」を直接入力すると，図 7.7 のようなデータが生成されます．

● **グラフ化**：[グラフ]→[グラフビルダー] をクリックし，例えば X 軸に因子 L，Y 軸に因子 R をそれぞれドラッグ&ドロップすると，一様計画に基づく制御因子の 30 組の実験点が図 7.8 のように表示されます．

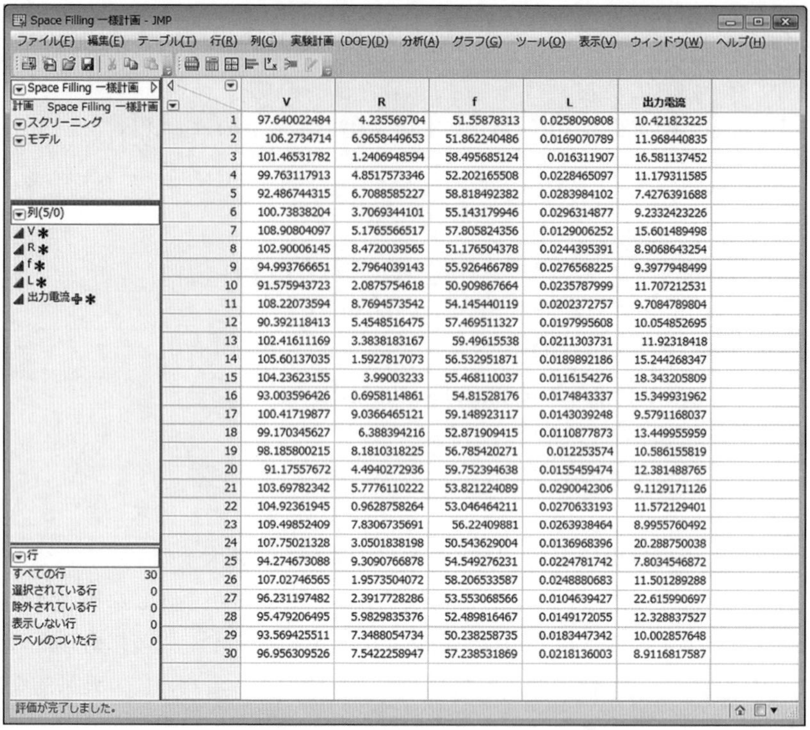

Space Filling 一様計画 - JMP

ファイル(F) 編集(E) テーブル(T) 行(R) 列(C) 実験計画 (DOE)(D) 分析(A) グラフ(G) ツール(O) 表示(V) ウィンドウ(W) ヘルプ(H)

Space Filling 一様計画
計画 Space Filling 一様計画
スクリーニング
モデル

列(5/0)
V
R
f
L
出力電流

行
すべての行 30
選択されている行 0
除外されている行 0
表示しない行 0
ラベルのついた行 0

	V	R	f	L	出力電流
1	97.640022484	4.235569704	51.55878313	0.0258090808	10.421823225
2	106.2734714	6.9658449653	51.862240486	0.0169070789	11.968440835
3	101.46531782	1.2406948594	58.495685124	0.016311907	16.581137452
4	99.763117913	4.8517573346	52.202165508	0.0228465097	11.179311585
5	92.486744315	6.7088585227	58.818492382	0.0283984102	7.4276391688
6	100.73838204	3.7069344101	55.143179946	0.0296314877	9.2332423226
7	108.90804097	5.1765566517	57.805824356	0.0129006252	15.601489498
8	102.90006145	8.4720039565	51.176504378	0.0244395391	8.9068643254
9	94.993766651	2.7964039143	55.926466789	0.0276568225	9.3977948499
10	91.575943723	2.0875754618	50.909867664	0.0235787999	11.707212531
11	108.22073594	8.7694573542	54.145440119	0.0202372757	9.7084789804
12	90.392118413	5.4548516475	57.469511327	0.0197995608	10.054852695
13	102.41611169	3.3838183167	59.49615538	0.0211303731	11.92318418
14	105.60137035	1.5927817073	56.532951871	0.0189892186	15.244268347
15	104.23623155	3.99003233	55.468110037	0.0116154276	18.343205809
16	93.003596426	0.6958114861	54.81528176	0.0174843337	15.349931962
17	100.41719877	9.0366465121	59.148923117	0.0143039248	9.5791168037
18	99.170345627	6.388394216	52.871909415	0.0110877873	13.449955959
19	98.185800215	8.1810318225	56.785420271	0.012253574	10.586155819
20	91.17557672	4.4940272936	59.752394638	0.0155459474	12.381488765
21	103.69782342	5.7776110222	53.821224089	0.0290042306	9.1129171126
22	104.92361945	0.9628758264	53.046464211	0.0270633193	11.572129401
23	109.49852409	7.8306735691	56.22409881	0.0263938464	8.9955760492
24	107.75021328	3.0501838198	50.543629004	0.0136968396	20.288750038
25	94.274673088	9.3090766878	54.549276231	0.0224781742	7.8034546872
26	107.02746565	1.9573504072	58.206533587	0.0248880683	11.501289288
27	96.231197482	2.3917728286	53.553068566	0.0104639427	22.615990697
28	95.479206495	5.9829835376	52.489816467	0.0149172055	12.328837527
29	93.569425511	7.3488054734	50.238258735	0.0183447342	10.002857648
30	96.956309526	7.5422258947	57.238531869	0.0218136003	8.9116817587

評価が完了しました。

図 7.7 JMP による一様計画に基づく実験データ

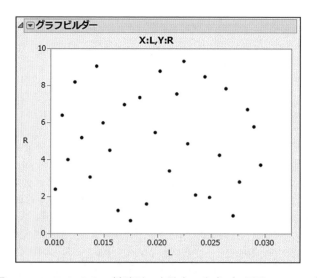

図 7.8 JMP による一様計画の実験点の生成（4 因子，$N = 30$）

【解析結果】 交流回路データに対して，交互作用を含む2次モデルを想定し，AIC最小化によるステップワイズ回帰を行います．図7.9を見ると，すべての主効果で高度に有意であり，交互作用は$R \times f$，$R \times L$が有意，2次は$L \times L$が高度に有意です．偏回帰係数のp値を見ると$V \times f$が5%有意ではないので，この交互作用を除いた予測モデルは次のようになります．

$$\hat{y} = 11.651 + 1.204\left(\frac{x_V - 100}{10}\right) - 3.771\left(\frac{x_R - 5}{4.5}\right) - 0.851\left(\frac{x_f - 55}{5}\right)$$
$$- 4.269\left(\frac{x_L - 0.02}{0.01}\right) + 0.993\left(\frac{x_R - 5}{4.5}\right)\left(\frac{x_f - 55}{5}\right) \qquad (7.10)$$
$$+ 3.911\left(\frac{x_R - 5}{4.5}\right)\left(\frac{x_L - 0.02}{0.01}\right) + 1.503\left(\frac{x_L - 0.02}{0.01}\right)^2$$

このとき，自由度調整済み寄与率は約97.5%で，モデル適合も高いことが確認できます[127]．ここで，変数選択後の分散分析表を表7.2にまとめておきます．

表 **7.2** 変数選択後の分散分析表

要因	平方和	自由度	平均平方	F値	p値
V	13.690	1	13.690	40.860	<.0001
R	139.295	1	139.295	415.762	<.0001
f	7.111	1	7.111	21.223	<.0001
L	181.024	1	181.024	540.311	<.0001
$R \times f$	2.328	1	2.328	6.949	0.0151
$R \times L$	36.031	1	36.031	107.550	<.0001
$L \times L$	5.272	1	5.272	15.735	0.0007
モデル	386.153	7	55.165	164.653	<.0001
e	7.371	22	0.335		
T	393.52	29			

次に，(7.10)式で与えられる予測モデルを用いて最適化を行います．本事例の目的は，近似モデルに基づき出力電流を目標値10.0 [A] に一致するような制御因子の水準値を決定することです[128]．

領域 $D = \{(V, R, f, L) : 90 \leq x_V \leq 110, 0.5 \leq x_R \leq 9.5, 50 \leq x_f \leq 60, 0.01 \leq x_L \leq 0.03\}$ のもとで，$\hat{\mu}(x_V^*, x_R^*, x_f^*, x_L^*) = 10.0$ を満たす水準値は

$$x_V^* = 110.00, \quad x_R^* = 2.218, \quad x_f^* = 55.007, \quad x_L^* = 0.03$$

となります[129]．このとき，点推定値は$\hat{\mu}(x_V, x_R, x_f, x_L) = 10.00$ であり，95%信頼区間は $(9.12, 10.88)$ で与えられます． □

[127] 変数変換として特性に対し，例えば**対数変換**を施せば，あてはまりがよくなる場合もあります．本事例では，変換をせずに解析を行っていますが，対数変換した場合と比較してもよいでしょう．

[128] 交互作用がある場合には，等高線グラフに視覚化による効果を確認したうえで，満足度関数に基づく最適条件を求めます．

[129] この例では，目標値が10.0 [A] となる因子の組み合わせは複数あります．そのため，JMPが返す最適条件は，ここで述べている数値と異なる場合があります．

7 コンピュータ実験

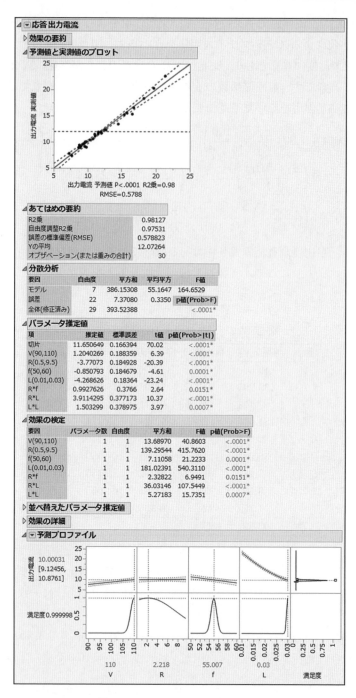

図 7.9　JMP による予測モデル

図 7.10 は，実験 No. ごとにデータと近似モデルの差（残差ないしは予測バイアス）を計算した表です．これを見ると予測バイアスは小さいので，近似モデルが理論式に近いといえます．なお，データ全体における予測の精度を評価するには，次のような**平均 2 乗誤差** (MSE:Mean Square Error) を求めるとよいでしょう[130]．

$$\text{MSE} = \frac{1}{N} \sum_{k=1}^{N} (y(x_k) - \widehat{y}(x_k))^2$$

多くの場合，理論式は複雑で未知ですが，本事例では理論式（真のモデル）が既知です．理論式が既知である場合には，近似モデルの予測バイアスが計算できます．図 7.11 のプロファイルは，実行可能領域 D における予測バイアスを示しています．予測バイアスがない場合には，プロファイルのトレースがすべての範囲でゼロになります．本事例では，因子 R および L に非線形の予測バイアスがみられます．

[130] 本事例では，一様計画に基づいてデータを生成していますが，他の Space-Filling 計画によるモデリングの結果も同様に評価してみるとよいでしょう．

	V	R	f	L	出力電流	予測式 出力電流	バイアス
1	97.640022484	4.235569704	51.55878313	0.0258090808	10.421823225	10.350300649	0.0715225761
2	106.2734714	6.9658449653	51.862240486	0.0169070789	11.968440835	11.956048672	0.0123921631
3	101.46531782	1.2406948594	58.495685124	0.016311907	16.581137452	16.786409167	-0.205271715
4	99.763117913	4.8517573346	52.202165508	0.0228465097	11.179311585	11.110781622	0.0685299632
5	92.486744315	6.7088585227	58.818492382	0.0283984102	7.4276391688	7.6750930274	-0.247453859
6	100.73838204	3.7069344101	55.143179946	0.0296314877	9.2332423226	8.991230265	0.2420120576
7	108.90804097	5.1765566517	57.805824356	0.0129006252	15.601480498	15.798866719	-0.197377221
8	102.90006145	8.4720039565	51.176504378	0.0244395391	8.9068643254	8.8963785188	0.0104858066
9	94.993766651	2.7964039143	55.926466789	0.0276568225	9.3977948499	8.7929946993	0.6048001506
10	91.575943723	2.0875754618	50.909867664	0.0235787999	11.707212531	12.057288434	-0.350075903
11	108.22073594	8.7694573542	54.145440119	0.0202372757	9.7084789804	9.4624539318	0.2460250485
12	90.392118413	5.4548516475	57.469511327	0.0197995608	10.054852695	9.8202878088	0.2345648861
13	102.41611169	3.3838183167	59.49615538	0.0211303731	11.92318418	11.588035883	0.3351482966
14	105.60137035	1.5927817073	56.532951871	0.0189892186	15.244268347	15.434984614	-0.190716266
15	104.23623155	3.99003233	55.468110037	0.0116154276	18.343205809	18.278433765	0.0647720445
16	93.003596426	6.9581148661	54.81528176	0.0174843337	15.349931962	16.591575723	-1.241643762
17	100.41719877	9.0366465121	59.148923117	0.0143030928	9.5791168037	9.2720156354	0.3071011683
18	99.170345627	6.388394216	52.871909415	0.0110877873	13.449055959	14.541908154	-1.091952195
19	98.185800215	8.1810318225	56.785420271	0.012253574	10.586155819	10.780369836	-0.194214016
20	91.175576720	4.4940272936	59.752394638	0.0155459474	12.381488765	12.492770071	-0.111281306
21	103.69782342	5.7776110222	53.821224089	0.0290042306	9.1129171126	9.5882679612	-0.475350849
22	104.92361945	0.9628758241	53.046464211	0.0270633193	11.572129401	11.563076428	0.0090529723
23	109.49852409	7.8306735691	56.22409881	0.0263938464	8.9955760492	9.8253991315	-0.829823082
24	107.75021328	3.0501838198	50.543629004	0.0136968396	20.288750038	19.71539814	0.5733518986
25	94.274673088	9.3090766878	54.549276231	0.0224781742	7.8034546872	7.3042332468	0.4992214403
26	107.02746565	1.9573504072	58.206533587	0.0248880683	11.501289288	11.050144955	0.451144333
27	96.231197482	2.3917728286	53.553068566	0.0104639427	22.615906697	21.394676599	1.2213140976
28	95.479206495	5.9829835376	52.489816467	0.0149172055	12.328837527	12.724656798	-0.395819271
29	93.569425511	7.3488054734	50.238258735	0.0183447342	10.002857648	9.634818044	0.3680396044
30	96.956309526	7.5422258947	57.238531869	0.0218136003	8.9116817587	8.7001808212	0.2115009375

図 7.10 JMP による予測バイアス

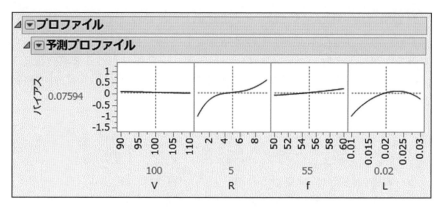

図 7.11　予測バイアスから作成したプロファイル

JMPを用いた解析（ステップワイズ回帰と予測プロファイル）

- **モデルの指定**：[分析] → [モデルあてはめ] を選択し，「Y」に出力電流，「モデル効果の構成」に因子 L, R, f, V を選択して，[マクロ] → [応答曲面] をクリックします．これより，交互作用を含む2次モデルを想定した応答曲面解析を行います．

- **ステップワイズ回帰**：手法：[ステップワイズ法] を選択して [実行] ボタンをクリックすると，「ステップワイズ回帰の設定」画面が表示されます．停止ルール：[最小 AICc] とし，[実行] ボタンを押すと変数が選択されます．これで良ければ，画面右上の [モデルの作成] ボタンをクリックしてください．次に，手法：「標準最小2乗」，強調点：「要因のスクリーニング」あるいは「最小レポート」として [実行] ボタンをクリックすると，出力結果が図 7.9 のように表示されます．

- **満足度関数による最適化**：「予測プロファイル」の横の赤い三角ボタン ▽ をクリックして [最適化と満足度]→[満足度の最大化] を選択することで，図 7.9 の一番下のように最適解およびその推定値が表示されます．

- **予測バイアス**：図 7.10 には応答である「出力電流」（理論値）と (7.10) 式で与えられる「予測値」が表示されています．さらに，右の列にそれらの差（残差）をとった「バイアス」の列を計算しておきます．本事例では真のモデルに計算式が含まれているので，因子の実行領域で予測バイアスを求めることが可能です．メニューの [グラフ]→[プロファイル] を選択すると「プロファイル」のダイアログが表示されます．そこで「バイアス」を選択し，[Y, 予測式] ボタンをクリックします．「バイアス」は計算式で作成された列（因子）を含む関数なので，「プロファイル」ダイアログの下部にある「中間計算式の展開」ボックスにチェックを入れておきます．これで良ければ [OK] ボタンをクリックすると，予測バイアスのプロファイルが図 7.11 のように出力されます．

■ Gauss 過程モデル

コンピュータ実験では，複雑な未知の関数に対し，単純な Box 流の応答曲面モデル（2次の回帰モデル）だけでなく，Gauss 過程モデル (Gaussian process model) によるモデル化が有効です[131]．

Gauss 過程モデルは，誤差のないモデル，すなわち決定論的データを対象としたシミュレーション実験などで広く利用されています．Gauss 過程モデルは本書のレベルを超えるため，理論的な解説は省略しますが，JMP には「Gauss 過程」がツールとして搭載されているので，参考までにこれらを利用して，両者のモデリングに基づく最適化を行ってみましょう．

【解析結果】 図 7.7 の出力電流の実験データを用いて，Gauss 過程モデルによる解析を行います．ここでは，モデルにおける相関として **Gauss 相関構造** を仮定しています．すなわち，特性 y に対して

$$y = \mu + z(x) \tag{7.11}$$

を想定し，$z(x)$ を共分散行列 $\sigma^2 \mathrm{R}(\theta)$ に従う **Gauss 確率過程** としたモデルです．ただし行列 $\mathrm{R}(\theta)$ の要素を，Gauss 相関構造 $r_{ij} = \exp\left(-\sum_k \theta_k (x_{ik} - x_{jk})^2\right)$ で定義しています．これらの母数 μ, σ^2, θ_k は最尤法により推定され，図 7.12 の「モデルのレポート」に結果が表示されています[132]．そして，特性 y の予測値として最尤推定された母数に基づき，**最良線形不偏予測値**（BLUP:Best Linear Unbiased Prediction）が計算されます．

まず，図 7.13 の予測値と実測値のプロットを見ると，それらがほぼ対角線上にのっていることから，Gauss 過程モデルを想定した予測モデルが出力電流の真の理論式をよく近似していることが確認できます．

次に「モデルのレポート」を見ると，因子 R および L の主効果はそれぞれ 37.0%, 45.9% であり，2つの効果が大きいことがわかります．交互作用に関しては，他のそれと比べて $R \times f$, $R \times L$ の効果が大きく，これらは表 7.2 で示した分散分析と同じ結果が得られています．ここで，図 7.12 の「モデルのレポート」の総感度は，主効果とすべての交互作用の効果の和で求められ，因子とその交互作用が応答に与える影響度合いを表しています．

最後に，「周辺モデルプロット」により，モデル全体における各因子の関数形を確認します[133]．これを見ると，因子 V, f は線形，因子 R もほぼ線形，因子 L は2次曲線となっており，結果的に実験可能領域内では，ほぼ Box 流の応答曲面モデルで近似できていることがわかります． □

---

131) 多水準でも水準範囲が狭ければ，2次関数でも十分近似できます．一方，広くとれば高次の多項式や Gauss 過程モデルで見かけ上のあてはまりはよくなりますが，将来の予測能力に欠けてしまいます．実際の解析では，グラフの可視化や Gauss 過程モデルを適合させるなどして要因効果の関数形を把握したうえで，技術的に意味のある局所的範囲で2次モデルをあてはめるという手順となります．

132) θ が 0 の場合には，予測式にほとんど影響がないことを示しており，その因子をモデル式から除去しても構いません．

133) 図 7.9 の Box 流の応答曲面モデルによる予測プロファイルと，図 7.12 の Gauss 過程モデルによる予測モデルの周辺モデルプロットとを比較してみてください．

> **JMP を用いた解析（Gauss 過程モデルによる最適化）**
>
> - **Gauss 過程モデル**：[分析] → [発展的なモデル] → [Gauss 過程] を選択し，出力電流を「Y」とし，因子 L, R, f, V を「X」とします．ここでは「相関構造」を [Gauss] とし，[OK] ボタンをクリックします．
> - **満足度関数による最適化**：「Gauss 過程モデル 出力電流」の横の赤い三角ボタン ▽ をクリックして [プロファイル] を選択すると，「予測プロファイル」が表示されます．次に「予測プロファイル」の横の赤い三角ボタン ▽ をクリックして，[最適化と満足度]→[満足度の最大化] をクリックすることで，図 7.12 の下部のように最適解およびその推定値が表示されます．

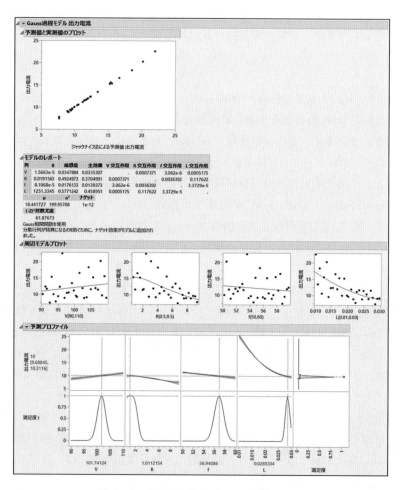

図 7.12　JMP による Gauss 過程モデル

7.3 製造段階におけるロバスト設計

■伝達変動

製造工程に対するロバスト設計は，変数（因子）にばらつきがある状況でも，安定して許容範囲内に製造できるようにするための統計手法です．制御因子の中には，実験の場では制御できても実際の現場では制御できないばらつきをもつ因子があります．これは既に述べたように，**誤差因子**と呼ばれています．一般に因子のもつばらつきは，応答に対して影響を与えます．工程におけるロバスト設計では，応答に伝達されたばらつきを**伝達変動** (transmitted variation) と呼び，この変動がなるべく小さくなるように制御因子の水準値を決めることが目的となります．

■非線形性を利用したばらつきの低減

製造工程をロバストにするには，ある制御因子に関して応答曲面が最も平坦になるところを探索し，工程のばらつきを最小限に抑えるアプローチが有効になります．数学的には，各制御因子について1次微分（傾き）が0になるような水準を見つけることになります．

ここでは，非線形性 (nonlinearity) を利用したばらつきの低減化をモデルを用いて説明します．制御因子を $x = (x_1, x_2, \ldots, x_p)$ とするとき，応答 y との関係が

$$y = f(x) \tag{7.12}$$

で与えられているとします．ここで $x_i \sim N(x_{i0}, \sigma_i^2)$ とし[134]，応答に伝達されたばらつきを σ_y^2 とするとき，伝達変動は近似的に次式で表現できます．

$$\sigma_y^2 \approx \sum_{i=1}^{p} \left(\frac{\partial f}{\partial x_i} \Big|_{x_{i0}} \right)^2 \sigma_i^2 \tag{7.13}$$

関数 f を図7.13のような平坦な部分をもつ非線形関数とします．このとき，因子 x_1 について $x_1 \sim N(a, \sigma_1^2)$ と $x_1 \sim N(b, \sigma_1^2)$ を仮定し，どちらのほうが特性 $f(x_1)$ のばらつきが小さくなるかを考えてみます[135]．

図を見れば分かるように，$f(a)$ よりも $f(b)$ のほうがばらつきが小さくなります．これは，1次微分（傾き）$f'(a)$, $f'(b)$ を比較したとき，$f'(b)$ のほうが0に近いからです．このように非線形性を利用すると，$f(x_1)$ のばらつきを低減させることができます．

---

134) 誤差因子は，内乱と外乱に分けられます．内乱とは，原材料や部品のもつ特性のばらつきと，特性の経時的変化です．外乱は，使用・環境条件です．ここでの仮定は内乱に相当します．

135) 平均（ノミナル値）が異なり，分散が同じ分布であると仮定しています．

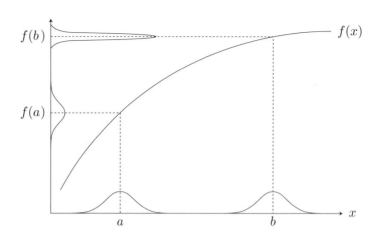

図 **7.13** 非線形を利用したばらつきの低減

　ばらつき低減化への**非線形性の利用**は，田口玄一博士によって創設されたロバストパラメータ設計（タグチメソッド）における**制御因子と誤差因子の交互作用の利用**の特別な場合と位置付けることができます[136]．

136) 詳しくは，河村敏彦(2015)：『製品開発のための統計解析入門』(近代科学社) の第 1 章を参照してください．

【解析結果】　本事例では，(7.9) 式における R と L を制御因子とし，f と V を誤差因子として，出力電流のばらつきの低減を行います．ここでは，誤差因子 f および V がばらついたとしても，「制御因子と誤差因子の交互作用」を利用することで特性の分散を最小にすることが目的となります[137]．

137) ここでは，(外乱) 誤差因子 f と V を互いに独立な確率変数として扱っていることに注意してください．

　(7.10) 式よって，変量 f, V に関して $\widehat{y}$ の分散 $\mathrm{Var}_{f,V}[\widehat{y}]$ を計算すると，**分散の加法性**により

$$\mathrm{Var}_{f,V}[\widehat{y}] = \left(\frac{1.204}{10}\right)^2 \mathrm{Var}_V[x_V] + \left(\frac{-0.851}{5} + \frac{0.993(x_R - 5)}{4.5 \times 5}\right)^2 \mathrm{Var}_f[x_f]$$
$$= 0.0145 \mathrm{Var}_V[x_V] + (-0.1702 + 0.0441(x_R - 5))^2 \mathrm{Var}_f[x_f] \quad (7.14)$$

となります[138]．ここで $\mathrm{Var}_{f,V}[\widehat{y}], \mathrm{Var}_V[x_V]\ \mathrm{Var}_f[x_f]$ をそれぞれ $\sigma_{\widehat{y}}^2, \sigma_V^2\ \sigma_f^2$ と記せば，

138) 誤差因子 V に関しては，制御因子との交互作用がモデル選択されていないため，ばらつきの低減化には利用できません．また，制御因子 L, R は定数なので，分散は 0 となることに注意してください．

$$\sigma_{\widehat{y}}^2 = 0.0145 \sigma_V^2 + (-0.1702 + 0.0441(x_R - 5))^2 \sigma_f^2 \quad (7.15)$$

と書けます．(7.15) 式により，分散 $\sigma_{\widehat{y}}^2$ を最小化するためには，σ_f^2 に関する係数 $(-0.1702 + 0.0441(x_R - 5))^2$ を小さくすればよく，実際に最適解は $x_R^* = 8.86$ と求めることができます．　　□

JMP を用いた解析（非線形を利用したばらつきの低減）

- **モデルの指定**：[分析] → [モデルのあてはめ] を選択し，「Y」に出力電流，主効果である L, R, f, V を選択して，[マクロ] → [応答曲面] をクリックします．これにより，交互作用を含む 2 次モデルを想定した応答曲面解析を行います．
- **手法**：[ステップワイズ法] を選択して [実行] ボタンをクリックすると，「ステップワイズ回帰の設定」画面が表示されます．停止ルール：[最小 AICc] とし，[実行] ボタンを押します．これで良ければ，画面右上の [モデルの作成] ボタンをクリックしてください．ここで，手法：「標準最小 2 乗」，強調点：「要因のスクリーニング」あるいは「最小レポート」とし，[実行] ボタンをクリックすると，出力結果が表示されます．「応答 出力電流」の横の赤い三角ボタン ▽ をクリックして [列の保存]→[予測式] を選択すると，「予測式 出力電流」の列が作成されます．
- **誤差因子の指定**：メニューの [グラフ] → [プロファイル] を選択し，「予測式 出力電流」を「Y, 予測式」に割り当てます．さらに，制御因子 R との交互作用が確認された「f」を「誤差因子」に割り当て，[OK] ボタンをクリックします．
- **満足度関数による最適化**：「予測プロファイル」の横の赤い三角ボタン ▽ をクリックして [満足度の最大化] をクリックすると，図 7.14 が表示されます．図 7.14 は制御因子 R を 8.86 と入力したもので（ばらつき低減を優先），目標値 10 からは少しズレています．目標値 10 に一致させるには，制御因子 L の水準を変化させ，調整するとよいでしょう．

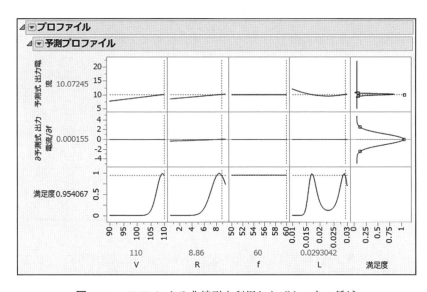

図 7.14　JMP による非線形を利用したばらつきの低減

7.4 設計開発段階におけるロバスト設計

【例】 ある交流回路（LR 回路）における出力電流 y の理論式は，(7.9) 式で与えられます．ここでは，理論式がある場合の望目特性のロバスト設計を解説します．本実験の目的は，「特性である出力電流のばらつきを低減し，目標値 10.0 [A] に調整すること」です．

本事例の制御因子は，R と L の 2 つのみです[139]．ここでは制御因子 R, L を 3 水準とし，表 7.3 のように設定します．

[139] 7.2 節ではすべての因子を制御因子として扱っていますが，本節では制御因子と誤差因子に分けています．

表 7.3 制御因子と水準

制御因子	第 1 水準	第 2 水準	第 3 水準
R: 抵抗 [Ω]	$R_1=0.5$	$R_2=5.0$	$R_3=9.5$
L: 自己インダクタンス [H]	$L_1=0.010$	$L_2=0.020$	$L_3=0.030$

交流回路設計の誤差因子としては，まず，制御因子が設定値のまわりでばらつくことによる**内乱誤差因子** (internal noise) が考えられます．一般に，抵抗は使用することで値が増加します．設計開発段階では，表 7.3 のように抵抗 R の水準値を設定したときには制御因子ですが，経時劣化によって設定値のまわりでばらつくという点では誤差因子になっています．すなわち，抵抗は制御因子と内乱誤差因子の 2 つの因子を併せもっていることに注意してください．

ここでは，制御因子に対応した誤差因子として，

第 1 水準：設定値よりも 10%小さい値

第 2 水準：設定値（現状のまま）

第 3 水準：設定値よりも 10%大きい値

を設定し，制御因子 R, L に対応する誤差因子を R', L' と記して区別しておきます[140]．ここで，抵抗 R と誤差因子 R' の組み合わせで指定される抵抗の値を表 7.4 に示します．

[140] ここでは ±10% で水準を振っていますが，7.3 節で述べたように，正規乱数などを発生させてもよいでしょう．

表 7.4 制御因子と内乱誤差因子の組み合わせ（抵抗 R）

	R'_1（10%減）	R'_2 現状	R'_3（10%増）
R_1 (0.5Ω)	0.45Ω	0.5Ω	0.55Ω
R_2 (5.0Ω)	4.5Ω	5.0Ω	5.5Ω
R_3 (9.5Ω)	8.55Ω	9.5Ω	10.45Ω

同様に，L の場合を表 7.5 に示します．ここでは，抵抗 R の変化，自己インダクタンス L の変化を内乱誤差因子として，それぞれ 3 水準としています．

表 7.5　制御因子と内乱誤差因子の組み合わせ（自己インダクタンス L）

	L_1' (10%減)	L_2' 現状	L_3' (10%増)
L_1 (0.010H)	0.009 H	0.010 H	0.011 H
L_2 (0.020H)	0.018 H	0.020 H	0.022 H
L_3 (0.030H)	0.027 H	0.030 H	0.033 H

次に，使用環境条件のばらつきによる**外乱誤差因子** V, f を 3 水準とし，表 7.6 のように設定します．

表 7.6　外乱誤差因子の水準とその値

	第 1 水準	第 2 水準	第 3 水準
入力電源の電圧 V	90 V	100 V	110 V
周波数 f	50 Hz	55 Hz	60 Hz

■内側直交表と外側直交表

制御因子と誤差因子を**直積配置**で割り付けます．制御因子は 2 因子 3 水準なので要因配置でも十分ですが，直交表 L_9 を用いて 1 列に R，2 列に L を割り付けています．

次に，2 つの制御因子 R, L に対応した内乱誤差因子 R', L' と外乱誤差因子 V, f の合計 4 つの誤差因子を L_9 直交表に割り付けることを考えます．通常，制御因子を割り付ける直交表は**内側直交表**，誤差因子を割り付ける直交表は**外側直交表**と呼ばれています．

内側直交表 L_9 と外側直交表 L_9 を直積の形で組み合わせた配置を表 7.7 に示します．表 7.7 で示される直積配置は次のように見ます．例えば，第 3 行 6 列では，制御因子の水準組み合わせが R_1 (0.5 Ω)，L_3 (0.030 H) で，内乱誤差因子の水準組み合わせが R_2' （現状），L_3' （10%増）となります．これより各制御因子の値は，

$$R_1 (0.5\,\Omega), \quad L_3 (0.033\,\text{H})$$

となります．さらに，外乱誤差因子は V_1 (90 V)，f_2 (55 Hz) なので，これらを (7.9) 式に代入して得られた値が y_{36} ということになります．表 7.7 のように制御因子と誤差因子を直積で割り付けると，81 通りの処理条件を得ます．

表 7.7　内側直交表と外側直交表の直積配置

		f	4	1	2	3	3	1	2	2	3	1
		V	3	1	2	3	2	3	1	3	1	2
		L'	2	1	2	3	1	2	3	1	2	3
		R'	1	1	1	1	2	2	2	3	3	3

| | R | L | | | | | | | | | | | |
No.	1	2	3	4	No.	1	2	3	4	5	6	7	8	9
1	1	1	1	1		$y_{11}, y_{12},$				$\cdots$				$, y_{19}$
2	1	2	2	2		$y_{21}, y_{22},$				$\cdots$				$, y_{29}$
3	1	3	3	3		$y_{31}, y_{32},$				$\cdots$				$, y_{39}$
4	2	1	2	3		$y_{41}, y_{42},$				$\cdots$				$, y_{49}$
5	2	2	3	1		$y_{51}, y_{52},$				$\cdots$				$, y_{59}$
6	2	3	1	2		$y_{61}, y_{62},$				$\cdots$				$, y_{69}$
7	3	1	3	2		$y_{71}, y_{72},$				$\cdots$				$, y_{79}$
8	3	2	1	3		$y_{81}, y_{82},$				$\cdots$				$, y_{89}$
9	3	3	2	1		$y_{91}, y_{92},$				$\cdots$				$, y_{99}$

■調合誤差因子

(7.9) 式で与えられる交流回路の理論式より，制御因子の水準組み合わせを固定したときに出力電流が最も小さくなるのは誤差因子の水準組み合わせが $V_1 R'_3 f_3 L'_3$ のときであり，最も大きくなるのは $V_3 R'_1 f_1 L'_1$ であることがわかります.

このように，誤差因子が出力に与える影響が定量的に明らかなときには，誤差因子全体を1つの調合誤差因子 (compound noise factor) とし，2つの水準 N_1, N_2 を次のように構成します.

$$N_1 : V_1 R'_3 f_3 L'_3$$
$$N_2 : V_3 R'_1 f_1 L'_1$$

調合誤差因子を利用する場合，直積配置実験のようにすべての誤差因子に対して何らかの水準組み合わせを設計するのではなく，出力特性が最も大きくなる誤差因子の水準組み合わせと，最も小さくなる水準組み合わせの**2点分布**を誤差変動とする方法を採用します.

本事例のように，理論式によるコンピュータ実験の場合には計算時間はさほど変わりませんが，実際の実験では調合誤差因子を構成することにより実験回数を減らすことができるので，効率的な方法であると言えます.

実験データとグラフ化

　制御因子 R, L を割り付けた 2 元配置と誤差因子（2 水準の調合誤差因子 N_1, N_2）のすべての組み合わせに対して実験を行い，表 7.8 のようなデータが得られたとします．さらに，誤差因子の水準別（極小条件 N_1 および極大条件 N_2）の実験データのグラフを図 7.15 に示します．

表 7.8　割り付けとデータ

No.	R	L	N_1	N_2
1	1	1	21.5	38.5
2	1	2	10.8	19.4
3	1	3	7.2	13.0
4	2	1	13.1	20.7
5	2	2	9.0	15.2
6	2	3	6.6	11.5
7	3	1	8.0	12.2
8	3	2	6.8	10.7
9	3	3	5.5	9.1

S-RPD を用いた解析（データセットの作成とグラフ化）

- **データセットの作成**：[アドイン] の [S-RPD] → [テーブル] → [計画の作成] を選択し，直交表の外側に誤差因子を割り付けた外側配置を組み合わせた直積配置のデータセットを作成します．
- **出力の設定**：「特性値の名称」を望目特性である「出力電流」とし，仕様上下限を目標値である [10] と入力します．
- **制御因子の計画**：「計画表」は 2 因子 3 水準なので [2 因子] を選択し，それぞれの水準数を [3] と入力します．さらに，「割付」ボックスにチェックされていることを確認します．「因子名」は上から順（列の左から順）に [R], [L] とします．「タイプ」は量的因子で，それらの水準値を順に [−1], [0], [1] と入力します．
- **誤差因子の計画**：誤差因子は 1 因子 2 水準なので，「計画表」で [1 因子] を選択し，「因子の水準数」を [2] と入力します．ここでは「因子名」を [N] とし，水準値 1, 2 をそれぞれ [N_1], [N_2] としておきます．
- **データに繰り返しがある場合**には「オプション」をクリックし，「サンプルの繰り返し数」を入力します．これらをすべて入力した後，[計画の作成] ボタンを押すと望目特性のロバスト設計で使用するテーブルが生成されるので，表 7.8 で与えられるデータを入力します．
- **データのグラフ化**：[S-RPD] → [グラフ] → [推移/回帰プロット] を選択すると，図 7.15 と同様のグラフが出力されます．

■統計モデルによる望目特性のロバスト設計

特性 Y の母平均 μ が，制御因子 $x = (x_1, x_2, \ldots, x_p)$ と誤差因子 N の関係 $\mu(x, N)$ で与えられているとします．データの構造には誤差項のあるモデル

$$Y = \mu(x,\,N) + \varepsilon, \quad \varepsilon \sim N(0,\,\sigma^2) \tag{7.16}$$

を想定します[141]．これは**応答モデル** (response modeling) とも呼ばれています．

母数 $\mu(x,\,N)$ については，平均パート $L(x)$ と乖離パート $D(x)$ に分割します．さらに，誤差因子 N に対応させたダミー変数 $z(= \pm 1)$ を用いて表すと，

$$\mu(x,\,N) = L(x) + D(x)z \tag{7.17}$$

となります[142]．このとき，平均パート $L(x)$ は 3 水準系なので，2 次モデル

$$L(x) = a_0 + \sum_{i=1}^{p} a_i x_i + \sum_{1 \leq i < j \leq p} a_{ij} x_i x_j + \sum_{i=1}^{p} a_i x_i^2 \tag{7.18}$$

としておきます．乖離パート $D(x)$ も同様に，交互作用および 2 次項を含む 2 次モデルを仮定します．なお，各制御因子の 3 水準をそれぞれ $-1, 0, 1$ とし，実行可能領域の水準値をコード化しておきます．

■応答モデリングによる最適化

半正規プロットないしは情報量規準により適当に変数選択した推定式を用いて，最適条件を決定します．一般に，応答モデリングによる**2段階設計法**は，平均（期待値）および分散を用いて次のような手続きをとり，これらを満たすような制御因子の最適水準を探索します．

(i) 分散を最小にする条件を制御因子の水準組み合わせで見いだす．

(ii) 調整因子により，平均（期待値）を目標値に合わせる．

これらの最適化問題を定式化するときには，まず，誤差因子 N に関する分散 $\mathrm{Var}_N[\mu(x,N)]$ を最小化します．$\mathrm{Var}_N[\mu(x,N)]$ の最小化は，$\mu(x,N)$ に対応する乖離パート $D(x)$ の絶対値の最小化と等価です．第 1 段階でばらつきが最小となるような制御因子の最適水準を決定し，これを水準値を固定します．次に，ある決められた目標値 T に期待値（平均）$E_N[\mu(x,N)]$ が近づくような水準値を決定します．ただし，6.3 節で既に述べたように，調整因子が存在しない場合には，**1段階設計法**による最適解を求めます．

---

[141] ただし，本事例のようなコンピュータ実験の場合には，誤差項のない応答モデル $y = \mu(x,N)$ を仮定してください．

[142] ダミー変数は，誤差因子が第 1 水準 N_1 のとき $z = 1$ とし，第 2 水準 N_2 のとき $z = -1$ としています．

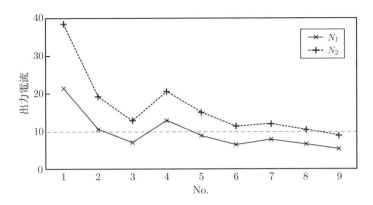

図 7.15　特性（出力電流）に対する実験データのグラフ

【解析結果】　表 7.8 で与えられるデータを用いて，母数の推定式を導出します．まずは半正規プロットを用いて，平均および乖離パートに影響する因子を特定します．図 7.16 を見ると，平均に対して効果の大きな因子は R, L であり，制御因子間の交互作用 $R \times L$ も効果が大きいことが確認できます．また，R は乖離パートに対しても大きな効果をもっています．すなわち，因子 R は平均と乖離の両方に影響する因子であることに注意してください．

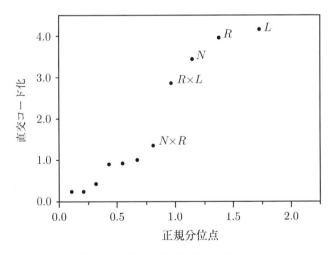

図 7.16　$\hat{y}$ に関する半正規プロット

一方，AIC 最小化基準によって変数選択後の推定式（予測モデル）を求めると，次のようになります[143]．

[143] JMP では，修正された AIC である AICc が用いられています．

$$\widehat{y} \equiv \widetilde{\mu}(x, N) = 13.2667 - 4.8417x_R - 5.0917x_L$$
$$+ 4.2750x_{R \times L} + (-3.4333 + 1.6417x_R)z \quad (7.19)$$

[144] 既に述べたように，コンピュータ実験では分散分析における p 値は参考程度にとどめておいてください．

表 7.9 に変数選択後の分散分析表を示します[144]．誤差因子の乖離の減衰に効果のある因子は R であることがわかります．また，制御因子間の交互作用 $R \times L$ の寄与率は約 13% であり，かなり効果が大きいことが確認できます．

表 **7.9** 変数選択後の $\widetilde{\mu}$ に対する分散分析表

要因	平方和	自由度	平均平方	F 値	p 値	R^2
R	281.3008	1	281.3008	41.311	<.0001	25.78
L	311.1008	1	311.1008	45.684	<.0001	28.58
$R \times L$	146.2050	1	146.2050	21.471	0.0006	13.09
N	212.1800	1	212.1800	31.160	0.0001	19.29
$N \times R$	32.3408	1	32.3408	4.749	0.0500	2.40
モデル	983.1275	5	196.6255	28.876	<.0001	89.13
e	81.7125	12	6.8094			10.87
T	1064.8400	17				

これより，(7.19) 式を用いて制御因子間の交互作用項を考慮した最適設計を行います．本事例では調整因子が存在しないので，1 段階設計法により最適化を行います．分散 $\mathrm{Var}_N[\widetilde{\mu}(x, N)]$ を最小化し，期待値 $E_N[\widetilde{\mu}(x, N)]$ が目標値である 10 [A] に一致するような制御因子の最適水準値 x^* を求めると

$$x_R^* = 1, \ x_L^* = -1$$

を得ます．このとき推定値は 9.24167 となり目標値 10 には達していないことがわかります． □

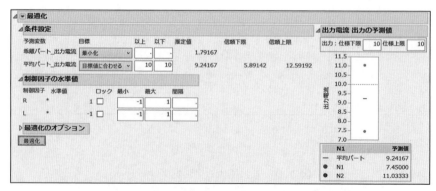

図 **7.17** S-RPD による応答モデルに基づく最適化

7.4 設計開発段階におけるロバスト設計　207

> **S-RPD を用いた解析（応答モデリングによる最適化）**
>
> - **効果のある因子の視覚化**：[アドイン] の [S-RPD] → [分析] → [モデリング] → [応答（関数）モデル/分散分析] をクリックすると，寄与率 R^2 および自由度調整済み寄与率 R^{*2} のグラフが表示されます．その下に制御因子と誤差因子に効果のある因子が p 値を規準に分類して視覚化され，効果のある因子を確認できます．
> - **AIC による変数選択**：「予測式の確認」→「変数選択」の [AICc] を選択して，[実行] ボタンをクリックします．各パラメータの推定値は，「中心化偏回帰係数」の左にある三角ボタン $\bigtriangledown$ をクリックすることで表示されます．(7.19) 式は，これらをもとに定式化したものです．
> - **半正規プロットによる変数選択**：半正規プロットを見ながら手動で変数選択をする場合には，「変数選択」における要因（因子）のボックスにチェック入れるとよいでしょう．
> - **分散分析**：変数選択後の分散分析表は，[予測式の確認]→「変数選択」に結果が表示されます．結果を確認した後，最適化を行うために [応答（関数）モデリング/分散分析]→ [予測変数の保存] をクリックして保存しておきます．
> - **最適化**：メニューの [アドイン] の [S-RPD] → [分析] → [最適化] をクリックします．「乖離パート」の目標を [最小化] し，「平均パート」の目標を [目標値に合わせる] とし，その上限下限値にともに目標値である 10.0 を入力して [最適化] ボタンをクリックすれば，図 7.17 のように出力結果が表示されます．図には推定値が表示され，その右側に最適化後のグラフが表示されています．

【補足】平均と SN 比の同時要因解析

6.7 節で述べた同時要因解析（**多特性最適化**）を用いて，平均とばらつきを同時に最適化する例を述べます．ここでは，平均の測度として算術平均 $\widehat{\mu}$，ばらつき（乖離）の測度として田口の望目特性の SN 比 $\widehat{\gamma}_T$ を用い，解析を行います[145]．直積配置のデータに対して誤差因子 N を繰り返しとみなし，$\widehat{\mu}$ と $\widehat{\gamma}_T$ を計算した結果を表 7.10 に示します．

田口の望目特性の SN 比 $\widehat{\gamma}_T$ は，算術平均 $\widehat{\mu}$ および不偏分散 $\widehat{\sigma}^2$

$$\widehat{\mu} = \bar{y} = \frac{1}{n}\sum_{i=1}^{n} y_i, \quad \widehat{\sigma}^2 = \frac{1}{n-1}\sum_{i=1}^{n}(y_i - \bar{y})^2 \tag{7.20}$$

を用いて，

$$\widehat{\gamma}_T = 10\log_{10}\left(\frac{\widehat{\mu}^2}{\widehat{\sigma}^2}\right) \tag{7.21}$$

で定義されます．なお，**田口の望目特性の感度** [db] は，$S = 10\log_{10}\widehat{\mu}^2$ で定義されています．

[145] 他のばらつきの測度としては，対数変換された分散 $\log\widehat{\sigma}^2$ などを用いて解析を行う場合もあります．

表 7.10　平均と田口の SN 比

No.	R	L	N_1	N_2	$\hat{\mu}$	$\hat{\gamma}_T$
1	1	1	21.5	38.5	27.475	8.125
2	1	2	10.8	19.4	18.108	7.931
3	1	3	7.2	13.0	8.742	7.738
4	2	1	13.1	20.7	18.358	9.490
5	2	2	9.0	15.2	13.267	8.955
6	2	3	6.6	11.5	8.175	8.420
7	3	1	8.0	12.2	9.241	10.854
8	3	2	6.8	10.7	8.425	9.978
9	3	3	5.5	9.1	7.608	9.102

次に半正規プロットにより，$\hat{\mu}$ および $\hat{\gamma}_T$ に効果のある因子を選択します．図 7.18 を見ると，両方とも因子 R と L の効果が大きいことがわかります．ここで交互作用 $R \times L$ を含んだ予測モデルを求めると，

$$\tilde{\mu} = 13.2667 - 4.8417 x_R - 5.0917 x_L + 4.2750 x_{R \times L} \tag{7.22}$$

$$\tilde{\gamma}_T = 8.9547 + 1.0233 x_R - 0.5348 x_L - 0.3414 x_{R \times L} \tag{7.23}$$

で与えられます．

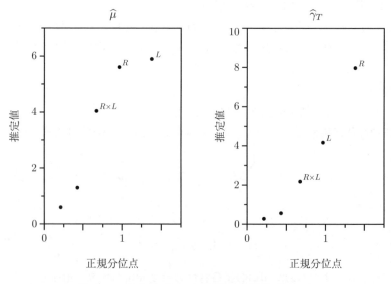

図 7.18　$\hat{\mu}$ および $\hat{\gamma}_T$ に関する半正規プロット

(7.22) 式および (7.23) 式で与えられる予測モデルを用いて，2 段階設計法による最適化を行ってみましょう．まず，ばらつきを低減化（SN 比最大化）すると，因子 R を第 3 水準 ($x_R = 1$)，因子 L を第 1 水準 ($x_L = 1$) にするとよいことがわかります．次に，平均を目標値に合わせます．しかし，(7.22) 式および (7.23) 式を見ると，調整因子は存在せず，平均とばらつきに効果のある因子はまったく同じであることがわかります．ばらつきが最小化となるとき ($x_R = 1$ および $x_L = 1$ のとき) の平均の推定値は 9.24 であり，目標値である 10 [A] には達しません．この例のように，平均とばらつきに影響する因子が共通している場合には，2 段階設計法では最適化できません． □

S-RPD を用いた解析（平均と SN 比の同時要因解析）

- **効果のある因子の視覚化**：[S-RPD] → [分析] → [モデリング] → [L&D モデル/分散分析] をクリックしてばらつき（乖離）の測度として「望目特性の SN 比」を選択し，[OK] ボタンを選択すれば，$\hat{\mu}$ と $\hat{\gamma}_T$ の変数選択の結果が視覚化されます．半正規プロットによる変数選択に基づいて手動で効果を選択する場合には，「予測式の確認」→「変数選択」→「平均」および「望目特性の SN 比」を選択し，変数選択の「要因」の横のボックスにチェックします．
- **予測モデル**：各パラメータの推定値は [中心化偏回帰係数] の横の三角ボタン ▽ を押すことで表示されます．(7.22) 式および (7.23) 式は，この表に基づいて定式化しています．予測モデルや分散分析を確認後，最適化を行うために [L&D モデル/分散分析]→[予測変数の保存] をクリックして保存しておきます．
- **最適化**：[S-RPD] → [分析] → [最適化] をクリックします．「条件設定」で「望目特性の SN 比」の目標を [最大化]，「平均」の目標を [なし] として [最適化] ボタンを押すと，図 7.19 が得られます．

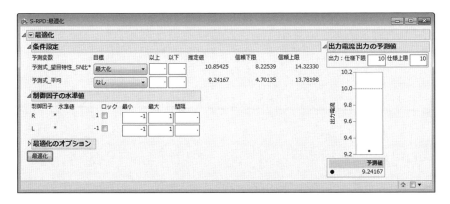

図 **7.19** S-RPD による平均と SN 比の同時要因解析

参考文献

[1] 石川馨 (1989)：『第 3 版品質管理入門』，日科技連出版社.

[2] 圓川隆夫 (1988)：『多変量のデータ解析』，朝倉書店.

[3] 圓川隆夫，宮川雅巳 (1992)：『SQC 理論と実際』，朝倉書店.

[4] 奥野忠一，芳賀敏郎 (1969)：『実験計画法』，培風館.

[5] 奥野忠一，久米均，芳賀敏郎，吉澤正 (1971)：『多変量解析法』，日科技連出版社.

[6] 奥野忠一，片山善三郎，上郡長昭，伊藤哲二，入倉則夫，藤原信夫 (1986)：『工業における多変量データの解析』，日科技連出版社.

[7] 河村敏彦 (2011)：『ロバストパラメータ設計』，日科技連出版社.

[8] 河村敏彦，高橋武則 (2013)：『統計モデルによるロバストパラメータ設計』，日科技連出版社.

[9] 河村敏彦 (2015)：『製品開発のための統計解析入門—JMP による品質管理・品質工学—』，近代科学社.

[10] 久米均，飯塚悦功 (1987)：『回帰分析』，岩波書店.

[11] 田口玄一 (1976,1977)：『第 3 版 実験計画法（上）（下）』，丸善.

[12] 田口玄一 (1999)：『品質工学の数理』，日本規格協会.

[13] 立林和夫 (2004)：『入門タグチメソッド』，日科技連出版社.

[14] 椿広計 (2006)：『ビジネスへの統計モデルアプローチ』，朝倉書店.

[15] 椿広計，河村敏彦 (2008)：『設計科学におけるタグチメソッド』，日科技連出版社.

[16] 永田靖 (1992)：『入門統計解析法』，日科技連出版社.

[17] 永田靖，棟近雅彦 (2001)：『多変量解析入門』，サイエンス社.

[18] 永田靖 (2000)：『入門実験計画法』，日科技連出版社.

[19] 仁科健 (2009)：『統計的工程管理』，朝倉書店.

[20] 宮川雅巳 (2000)：『品質を獲得する技術』，日科技連出版社.

[21] 宮川雅巳 (2006)：『実験計画法特論』，日科技連出版社.

[22] 宮川雅巳 (2008)：『問題の発見と解決の科学 SQC の基本』，日本規格協会.

[23] 森口繁一編 (1989)：『新編統計的方法改訂版』，品質管理講座，日本規格協会.

[24] 谷津進，宮川雅巳 (1988)：『品質管理』，朝倉書店.

[25] 山田秀 (2004)：『実験計画法—方法編—』，日科技連出版社.

[26] 鷲尾泰俊 (1988)：『実験の計画と解析』，岩波書店.

[27] 鷲尾泰俊 (1997)：『実験計画法入門（改訂版）』，日本規格協会.

[28] SAS Institute Inc.(2014) JMP 11 Design of Experiments Guide SAS Institute Inc. (SAS Institute Inc.(2014) 訳，『JMP 11 実験計画 (DOE)』).

回帰分析，実験計画法，応答曲面法，ロバスト設計およびコンピュータ実験に関する標準的な本およびさらに学ぶための参考書（洋書）をあげておく．

[30] Draper, N. R., and Smith, H. (1998): *Applied Regression Analysis* (3rd ed.), John Wiley & Sons.

[31] McCullagh, P., and Nelder, J. A. (1989): *Generalized Linear Models* (2nd ed.), Chapman & Hall.

[32] Box, G. E. P., Hunter, W. G., and Hunter, J. S. (2005): *Statistics for Experimenters* (2nd ed.), John Wiley & Sons.

[33] Montgomery, D. C. (2013): *Design and Analysis of Experiments* (8th ed.), John Wiley & Sons.

[34] Myers, R. H., Montgomery, D. C. and Anderson-Cook, C. M. (2009): *Resonse Surface Methodology* (3rd ed.), John Wiley & Sons.

[35] Wu, C. F. J. and Hamada, M. S. (2009): *Experiments: Planning, Analysis, and Optimization* (2nd ed.), John Wiley & Sons.

[36] Santner, T. J., Willianms, B. J., and Notz, W. I. (2003): *Design and Analysis of Computer Experiments*, Springer-Verlag.

[37] Fang, K. T., Li, R., and Sudjianto, A. (2006): *Design and Modeling for Computer Experiments*, Taylor & Francis Group, Boca Raton.

※本書に掲載した写真は，Wikipedia より引用したパブリック・ドメインとされているものです．

索 引

あ行

赤池情報量規準, 101
アダマール行列, 64
あてはまりの悪さ, 186

1 元配置分散分析, 47
1 次効果, 150
1 次モデル, 130
1 段階設計法, 142, 204
一部実施計画, 66
位置母数, 13
一様計画, 183
一般化線形モデル, 160

内側直交表, 201
上側管理限界, 111
上側規格, 4, 118

$\bar{x} - R$ 管理図, 112
F 分布, 18, 34, 49

応答関数モデル, 130, 138, 174
応答曲面解析, 148, 182
応答曲面計画, 148
応答曲面法, 122
応答曲面モデル, 149
応答モデル, 204

か行

回帰係数, 76
回帰による平方和, 75
回帰分析, 74
χ^2 分布, 16
外乱誤差因子, 201

Gauss 過程モデル, 195
科学的精密実験, 42
確認実験, 173
確率楕円, 85
確率分布, 2
確率変数, 2
確率密度関数, 11
片側検定, 20
紙ヘリコプター, 46
完全無作為化実験, 42, 46
完全モデル, 161
管理限界線, 114
管理限界用係数表, 115
管理図, 110

棄却域, 21
記述統計学, 2
期待値, 12
帰無仮説, 20
局所管理, 42
寄与率, 10, 75, 96
近似モデル, 182, 186

偶然原因, 110
区間推定, 24
繰り返し, 42

計画行列, 64
経験分布関数, 183
ケチの原理, 100
結果系, 3
決定係数, 86
検定統計量, 20

効果, 103
交互作用, 54, 61, 198
交互作用平方和, 55
工程能力指数, 118
交絡, 42, 55, 66
誤差因子, 135, 170, 197
5 数要約, 7
混合系直交表, 66, 170
コンピュータ実験, 182

さ行
最小値, 7, 83
最小 2 乗法, 74, 150
最大値, 7, 84
最適計画, 157
最頻値, 6, 85
最尤法, 159
差分, 161
残差, 74, 79
残差平方和, 49, 74, 75
3 シグマ法, 111, 114
算術平均, 6
散布図, 9
サンプリング, 2

軸上点, 123
下側管理限界, 111
下側規格, 4, 118
実験計画法, 42, 70
実行可能領域, 182
質的因子, 46
質的変数, 102
四分位範囲, 7
尺度母数, 13
修正項, 68
重相関係数, 86, 96
重回帰分析, 91
重回帰モデル, 91
重点指向, 3
自由度調整済み寄与率, 96
縮小モデル, 161

主効果, 48
処理間変動, 49
処理内変動, 49
信号因子, 127
信頼区間, 24
信頼率, 24

推測統計学, 2
推定値, 23
推定量, 23
スクリーニング実験, 70
ステップワイズ回帰, 150
ステップワイズ法, 101
Space-Filling 計画, 182

正規化, 14
正規分位点プロット, 85
正規分布, 13, 48
正規分布の再生性, 14
制御因子, 46
z 検定, 21
切片のある 1 次式, 170
説明変数, 74

相関係数, 10, 85
総平方和, 49
層別, 5
層別因子, 5
素数べき直交表, 66
外側直交表, 201

た行
第 1 四分位点, 7, 83
第 3 四分位点, 7, 84
対数尤度関数, 160
対立仮説, 20, 21
田口の動特性の SN 比, 144
田口の動特性の感度, 144
田口の望目特性の SN 比, 207
田口の望目特性の感度, 207
多重共線性, 71

多特性最適化, 164, 207
ダミー変数, 44, 102
単回帰分析, 74
単回帰モデル, 74

チェックシート, 3
中央値, 6, 7, 83
中心化変換, 176
中心線, 111
中心点, 123
中心複合計画, 123, 164
調合誤差因子, 202
調整因子, 133
直積配置, 201
直交計画, 63
直交表, 64, 70
直交表実験, 65

対データ, 9

t 検定, 44
D 最適計画, 157
D 最適性, 157
ディスクレパンシ, 183
t 分布, 17, 28, 31
点推定, 23, 24
伝達変動, 197

統計的管理状態, 79, 110
等高線グラフ, 149, 153
同時分布関数, 11
同時要因解析, 165, 207
等分散性の検定, 34
特性要因図, 4
独立性, 11
度数分布表, 4

な行
内乱誤差因子, 200

2 元配置分散分析, 54

二項分布, 159
2 次モデル, 150
2 段階設計法, 141, 204
2 点分布, 202

は行
バイアス, 186
箱ひげ図, 8, 83
パレート図, 3
パレートの法則, 3
範囲, 7
半正規プロット, 132
反復, 42

p 値, 21, 49
ヒストグラム, 4
非線形性の利用, 198
非素数べき直交表, 66
標準化残差, 79
標準正規分布, 14
標本, 2
標本標準偏差, 6
標本分散, 6

Fisher 流実験計画法, 42
不偏推定量, 23
不偏性, 23
不偏分散, 6, 12
分位点, 83
分割実験, 128
分散の加法性, 12, 64, 198
分散分析表, 49
分散分析法, 46
分布関数, 11

平均 2 乗誤差, 193
平方和の分解, 49, 75
偏回帰係数, 91, 95
偏差平方和, 6
変数減少法, 100
変数増加法, 100

変数増減法, 100
変量因子, 59

望大特性, 127, 164
望大特性の満足度関数, 155
望目特性, 164
望目特性の満足度関数, 166
母集団, 2
母集団分布, 20
ホテリングの定理, 64
ホテリングの秤量計画, 63
母分散, 12
母平均, 12

ま行
満足度関数, 155

見せかけの相関, 10
見逃せない原因, 110

無作為化, 42
無相関, 10, 86

目的変数, 74

や行
有意, 21
有意水準, 21
尤度関数, 160
尤度比検定, 161
尤度比検定統計量, 161

要因系, 3
要因効果図, 145
要約統計量, 6, 81, 83

ら行
ランダムサンプリング, 2

離散分布, 11
両側検定, 20

量的因子, 128, 148
リンク関数, 160

連続分布, 11

ロジスティック回帰分析, 159
ロジット変換, 159
ロバスト設計, 135

著者紹介

河村敏彦 （かわむら　としひこ）

1975 年	広島県に生まれる
2004 年	広島大学大学院工学研究科複雑システム工学専攻 博士後期課程修了　博士（工学）
2006 年	大学共同利用機関法人　情報・システム研究機構 統計数理研究所データ科学研究系・助手，リスク解析戦略研究センター， 総合研究大学院大学複合科学研究科統計科学専攻（兼）
2011 年	ジョージア工科大学産業システム工学科 (Georgia Institute of Technology Industrial & Systems Engineering) 客員研究員（2012 年 3 月まで）
現　在	島根大学医学・看護学系（医療情報部）准教授 数理・データサイエンス教育研究センター（兼）

専攻
統計的品質管理，品質工学，経営工学．経営工学とは企業や公共機関（病院を含む）
の経営活動を取り巻く現象やシステムを数理的に理解し，それを適切にマネジメン
トすることで合理化・効率化を図る工学．

著書
『設計科学におけるタグチメソッド』（共著，日科技連出版社，2008 年）
『ロバストパラメータ設計』（日科技連出版社，2011 年）
『統計モデルによるロバストパラメータ設計』（共著，日科技連出版社，2013 年）
『新版 信頼性ガイドブック』（分担，日科技連出版社，2014 年）
『製品開発のための統計解析入門—JMP による品質管理・品質工学—』（近代科学社，
2015 年）

JMP および S-RPD アドインに関する問い合わせ先

SAS Institute Japan 株式会社 JMP ジャパン事業部
〒 106-6111 東京都港区六本木 6-10-1 六本木ヒルズ森タワー 11F
TEL：03-6434-3780　（平日 9：00〜12：00 ／ 13：00〜17：00）
FAX：03-6434-3781
E-Mail：jmpjapan@jmp.com
URL：http://www.jmp.com/japan/

※本書では JMP 14 を使用しています．また，S-RPD アドインは，JMP のライセン
　スをお持ちの方に配布しており，動作する JMP のバージョンなどいくつか制約
　を設けています．

製品開発のための実験計画法

—JMP による応答曲面法・
コンピュータ実験—

©2016　Toshihiko Kawamura
Printed in Japan

2016 年 2 月 29 日	初版第 1 刷発行
2023 年 7 月 31 日	初版第 5 刷発行

著　者	河 村 敏 彦
発行者	大 塚 浩 昭
発行所	株式会社 近代科学社

〒 101-0051　東京都千代田区神田神保町 1-105
https://www.kindaikagaku.co.jp

加藤文明社　　ISBN 978-4-7649-0502-3
定価はカバーに表示してあります.

好評書籍

データ分析とデータサイエンス

著者:柴田里程
B5変型判・272頁・定価(本体3,500円＋税)

第I部 データ分析
　　第1章 データ
　　第2章 データ分布
　　第3章 データ分布の代表値
　　第4章 箱ひげ図
　　第5章 2変量データ

第II部 データサイエンス
　　第6章 データサイエンス入門
　　第7章 個体の雲の探索
　　第8章 変量間の関係
　　第9章 変量間の相関
　　第10章 確率モデル

データサイエンティスト・ハンドブック

著者:丸山 宏・山田 敦・神谷 直樹
A5判・168頁・定価(本体2,500円＋税)

第1部 データサイエンティスト
第2部 データ分析の手法
第3部 データ分析を有効活用できる組織

ISMシリーズ: 進化する統計数理
The Institute of Statistical Mathematics

統計数理研究所 編
編集委員 樋口知之・中野純司・丸山 宏

1. マルチンゲール理論による統計解析

著者：西山陽一
B5変型判・184頁・定価（本体3,600円 ＋税）

1 読者へのメッセージ
2 半マルチンゲールによる統計的モデリングへのいざない
3 読みはじめるにあたって
4 「確率過程の統計解析」への最短入門
5 離散時間マルチンゲールのエッセンス
6 連続時間マルチンゲール
7 尤度の公式
8 漸近理論のためのツール
9 確率過程の統計解析

2. フィールドデータによる統計モデリングとAIC

著者：島谷健一郎
B5変型判・232頁・定価（本体3,700円 ＋税）

1 統計モデルによる定量化とAICによるモデルの評価
　　―どのくらい大きくなると花が咲くか
2 最小2乗法と最尤法，回帰モデル
　　―樹木の成長パターンとその多様性
3 モデリングによる定性的分類と定量的評価
　　―ペンギンの泳ぎ方のいろいろ
4 AICの導出―どうして対数尤度からパラメータ数を引くのか
5 実験計画法と分散分析モデル―ブナ林を再生する
6 データを無駄にしないモデリング
　　―動物の再捕獲失敗は有益な情報
7 空間データの点過程モデル―樹木の分布と種子の散布
8 データの特性を映す確率分布―飛ぶ鳥の気持ちを知りたい
9 ベイズ統計への序章―もっと自由にモデリングしたい

ISMシリーズ: 進化する統計数理
The Institute of Statistical Mathematics

統計数理研究所 編
編集委員 樋口知之・中野純司・丸山 宏

3. 法廷のための 統計リテラシー
　　―合理的討論の基盤として―

著者:石黒真木夫・岡本 基・椿 広計・宮本道子・弥永真生・柳本武美
B5変型判・216頁・定価(本体3,600円 ＋税)

序章 この本について
1 不確実性を扱う基礎数理と不確実性下での意思決定
2 統計思考と合理的討論
3 事実の認定を支える証拠と公的な判断
4 法と統計学
5 裁判における科学的な証拠/統計学の知見の評価と利用

4. 製品開発ための統計解析入門
　　―JMPによる品質管理・品質工学―

著者:河村敏彦
B5変型判・144頁・定価(本体3,400円 ＋税)

1 ばらつき低減のためのアプローチ
2 望目特性のパラメータ設計
3 望大特性のパラメータ設計
4 動特性のパラメータ設計
5 統計的品質管理
6 変動要因解析のための回帰分析